兽药
（化学药物、中兽药）
科技创新战略研究

邓小明　沈建忠　葛毅强 ◎ 主编

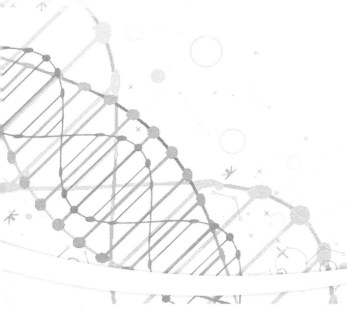

中国农业出版社

北　京

图书在版编目（CIP）数据

兽药(化学药物、中兽药)科技创新战略研究 / 邓小明，沈建忠，葛毅强主编. —北京：中国农业出版社，2024.11

ISBN 978-7-109-30989-0

Ⅰ.①兽… Ⅱ.①邓… ②沈… ③葛… Ⅲ.①兽用药-制药工业-科学技术-研究-中国 Ⅳ.①S859.79

中国国家版本馆 CIP 数据核字(2023)第 147179 号

中国农业出版社出版

地址：北京市朝阳区麦子店街 18 号楼

邮编：100125

责任编辑：周益平

版式设计：杨　婧　　责任校对：吴丽婷

印刷：北京中兴印刷有限公司

版次：2024 年 11 月第 1 版

印次：2024 年 11 月北京第 1 次印刷

发行：新华书店北京发行所

开本：700mm×1000mm　1/16

印张：9.25

字数：180 千字

定价：68.00 元

编委会名单

主　编：邓小明　　沈建忠　　葛毅强

副主编：孙康泰　　丁双阳　　曹兴元　　王文月　　郑筱光

编　委：白莉霞　　步志高　　陈　颖　　陈燕乐　　陈光华　　陈　祥
　　　　程世鹏　　程悦宁　　蔡亚楠　　仇华吉　　储岳峰　　代重山
　　　　丁家波　　邓旭明　　戴翊超　　窦永喜　　冯　娜　　郭爱珍
　　　　郭军庆　　黄逢春　　郝智慧　　蒋大伟　　蒋　韬　　焦新安
　　　　金宏丽　　景志忠　　李慧姣　　李建喜　　李俊平　　李剑勇
　　　　李　倩　　李秀波　　李有全　　李转见　　刘　军　　刘湘涛
　　　　刘义明　　柳金雄　　罗　雷　　罗建勋　　潘志明　　彭大新
　　　　曲鸿飞　　邵国青　　邵军军　　万　博　　王爱萍　　王春凤
　　　　王大成　　王　芳　　王建科　　王天成　　王小龙　　王笑梅
　　　　王云峰　　王忠田　　魏占勇　　夏　璐　　夏业才　　肖少波
　　　　闫鸿斌　　闫喜军　　杨　林　　杨松涛　　杨　甜　　易　立
　　　　姚志鹏　　曾建国　　张安定　　张二芹　　张建民　　张继瑜
　　　　张克山　　张沙秋　　张　臻　　张志东　　郑海学　　朱启运

统　稿：蔡亚南　　蒋大伟　　魏战勇　　王小龙　　王天成
　　　　张建民　　刘　军　　张沙秋　　李转见　　张　臻

目　　录

第一章 兽药（化学药物、中兽药）产业国内外发展状况

第一节 兽药在我国经济社会发展中的作用与地位

农业是国民经济的基础，其在国民经济中的基础作用主要表现在为人类提供赖以生存的食物和发展工业原料上。广义上的农业是指种植业、林业、畜牧业、渔业、副业这5种产业形式。畜牧业发展水平不仅是农业发展水平的重要标志，也是整个国民经济发展水平的重要标志。目前我国已发展成为世界上的养殖大国，肉类、禽蛋等主要畜禽产品产量跃居世界第一。畜牧业产值稳步提升，中国畜牧业总产值由1978年的209.30亿元增长到2017年的30 242.75亿元，年均增长率达13.60%；畜牧业总产值占农林牧渔业总产值的比重由1978年的14.98%增长到2017年的26.38%。由此可见，畜牧业得到了巨大的发展，而兽药（化学药物、中兽药）在畜牧业的持续健康发展中发挥了重要作用。

兽药指用于预防、治疗、诊断动物疾病或者有目的地调节动物生理机能的物质，主要包括化学药物、抗生素、中药材、中成药、放射性药品、血清制品、疫苗、诊断制品、微生态制剂等。兽用化学药物按照来源分为化学合成药物、抗生素半合成品等，按照临床用途可分为抗菌药物、抗病毒药物、抗寄生虫药物、动物生长促进剂以及其他机体功能性调节药物。抗生素替代品有抗菌疫苗、免疫调节剂、噬菌体及其裂解酶、抗菌多肽、微生态制剂、植物提取物、细菌致病力抑制剂（包括针对细菌群体感应、生物被膜和细菌毒力的抑制剂）和饲用酶等。

动物药品产业是我国畜牧经济发展的支柱产业，对增加农民收入、提高农民生活水平、助力乡村振兴、促进国民经济的发展有着重要作用。兽药可提高动物生产性能、改善动物产品品质、维护动物及人类健康、提高动物福利、促进饲料转化利用，在改善饲料转化率、增加动物生产的经济效益和社会效益、改善环境、保持生态平衡等多方面具有重要作用，也是提高畜禽产品竞争力和防范贸易摩擦的有效手段。

第二节　兽药（化学药物、中兽药）产业国内外概况

一、发展现状

目前，地球陆地面积的 30％用于发展养殖业，全球从事养殖业生产的人口已达 14 亿。养殖业产值占整个农业 GDP 的 40％，并为人类提供了 1/2 的蛋白质供应。据联合国粮食及农业组织（FAO）测算，从 2000 年到 2050 年，全球肉类产品的年消耗量将从 2.29 亿 t 提升至 4.65 亿 t，而乳制品的年消耗量将从 5.8 亿 t 上升至 10.43 亿 t。人类对肉类和乳制品需求量的增加，将直接促进全球动物保健产品市场和兽用化学药物产业的发展。

全球兽用化学药物企业主要分布在美国、欧洲等经济发达的国家或地区，呈现数量少、产值高的特点。美国是世界兽用化学药物研发的聚集地。欧洲是仅次于美国的兽用化学药物产业分布地，分布国家主要是德国、法国和瑞士，主要有拜耳、诺华、勃林格翰、威隆、英特威等知名兽药企业，开发出了许多效果优良的畅销药物。日本则拥有武田制药、富士制药、明治制药等兽药公司，在饲用抗生素的研究方面居世界前列。

中兽药基础研究方面，国外的研究主要集中在我国周边国家和地区，以日本和韩国为主。中兽药基础研究的深入，为日本产品占领世界中兽药市场打下了良好的基础，由此带来的巨大的经济效益也是有目共睹的。韩国的中兽药基础研究也十分活跃，其着眼点是通过中药基础性研究工作，提高研制中兽药的现代化水平，以取得可观的经济利润。我国中兽药基础性研究由于长期投入不足而发展缓慢。直至 21 世纪，我国对中兽药研究才逐渐有所重视，中兽药基础学科体系也不断分化，衍生出中兽药鉴定学、中兽药炮制学、中兽药化学、中兽药药理学、中兽药毒理学、中兽药制剂学等多个新兴学科。尽管中兽药在国际上正逐步形成热点，且以日本为首的发达国家正加强中兽药的基础研究，但由于传统文化和认识上的差异，国外的研究思路方法仍未脱离化学合成药物的框架，对中兽药药性理论内涵的认识远不及我国的专家学者，加上许多国家对中兽药的基础性研究大都属民间机构行为，自然无法形成系统的研究体系。中兽药的基础性研究工作必然、也只能由中国人完成。

二、销售规模

（一）国外销售规模

除中国企业销售额外，2017 年全球兽药产业销售额为 320 亿美元，2012—2017 年大体呈逐年上升趋势（图 1-1）。

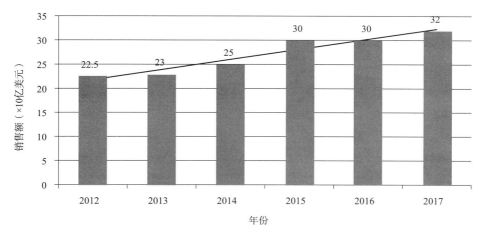

图 1-1　2012—2017 年全球兽药产业销售额
[数据来源：国际动物保健联盟（IFAH），不含中国的数据]

从产品类别的角度分析，化学药物在全球兽药市场所占的份额最大。2017 年，化学药物（抗感染药、抗寄生虫药、其他化学药物）销售额为 185.6 亿美元，占全球兽药市场总销售额的 58％，这与我国的情况类似。从使用动物的角度分析，全球兽药市场中宠物用兽药产品所占的份额较大。2017 年，宠物及其他兽药产品销售额为 128 亿美元，占全球兽药市场总销售额的 40％。这与我国的情况存在很大不同，2017 年，我国宠物及其他兽药产品销售额占我国兽药总销售额不到 3％。

（二）国内销售规模

从《兽药产业发展报告》可知，在兽用化学药物方面，截至 2017 年底，我国共有兽药企业 1 550 家。其中，原料药企业 133 家，制剂企业 1 242 家，中药企业 175 家。从规模看，微型企业有 173 家，占兽药企业总数的 11.16％；小型企业有 615 家，占兽药企业总数的 39.68％；中型企业有 725 家，占兽药企业总数的 46.77％；大型企业有 37 家，占兽药企业总数的 2.39％。截至 2017 年底，兽药企业资产总额 1 703.69 亿元，毛利 82.59 亿元，资产利润率（资产报酬率）4.85％。不同规模兽药企业的资产利润率差距较大。2017 年，资产利润率最高的是中型企业，其次为大型企业，微型企业和小型企业这两类企业的资产利润率明显过低。2017 年，兽药企业平均毛利率 24.33％，大型企业的毛利率最高，其次为中型企业，小型企业略低于中型企业，微型企业明显过低。

2017 年，农业部共核发化学药物新兽药证书 29 个（表 1-1、图 1-2）。其中，二类 9 个、三类 7 个、四类 4 个、五类 9 个。

表 1-1　2013—2017 年我国化学药物新兽药证书核发数量（个）

类　别	2013 年	2014 年	2015 年	2016 年	2017 年
一类	0	0	0	2	0
二类	6	8	6	4	9
三类	13	13	19	16	7
四类	6	3	6	4	4
五类	1	10	9	7	9
合计	26	34	40	33	29

注：此表数据来源为农业部公告。

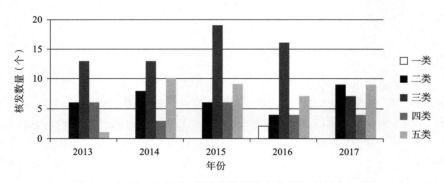

图 1-2　2013—2017 年我国化学药物新兽药证书核发情况

从《兽药产业发展报告》可知，2017 年，我国中兽药企业实现产值 44.86 亿元，占我国兽药企业总产值的 11.88％；销售额 41.43 亿元，占兽药企业总销售额的 12.2％；毛利 3.63 亿元，占兽药企业总毛利的 4.4％，毛利率 8.76％。2017 年我国中兽药产品总销售额为 41.43 亿元。其中，散剂销售额 19.57 亿元；注射液销售额 4.86 亿元；合剂（口服液）销售额 10.54 亿元；片剂销售额 0.2 亿元；颗粒剂销售额 5.77 亿元；酊剂销售额 0.11 亿元；浸膏剂/流浸膏剂销售额 0.14 亿元；其他剂型（锭剂、丸剂等）的中兽药产品销售额 0.24 亿元。销售额排名前 10 位的企业的销售额为 6.1 亿元，占中兽药总销售额的 14.72%；中兽药销售额排名前 30 位的企业的销售额为 9.8 亿元，占中兽药总销售额的 23.65%；销售额排名前 50 位的企业的销售额为 11.69 亿元，占中兽药总销售额的 28.22%，说明中兽药企业产业集中度还有待提高（图 1-3）。

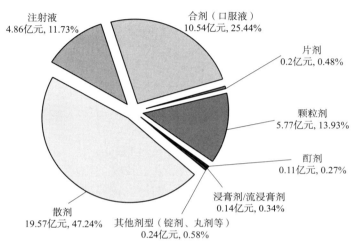

注射液
4.86亿元, 11.73%

合剂（口服液）
10.54亿元, 25.44%

片剂
0.2亿元, 0.48%

颗粒剂
5.77亿元, 13.93%

酊剂
0.11亿元, 0.27%

浸膏剂/流浸膏剂
0.14亿元, 0.34%

其他剂型（锭剂、丸剂等）
0.24亿元, 0.58%

散剂
19.57亿元, 47.24%

图 1-3　国内中兽药市场份额分布

第三节　兽药（化学药物、中兽药）产业中存在的问题与机遇

一、兽药（化学药物、中兽药）产业中存在的问题

1. 新兽药的研究开发能力弱

虽然近年来我国兽药的研发水平有了较大提升，但与世界先进国家相比，差距还相当大。企业研发能力弱、缺乏创新能力，具有自主研发专利的产品少。在兽用化学药物原料药方面，存在开发不足、以仿制为主的问题，一旦国际大企业加强对新兽药原料药的保护和控制，尤其是发生贸易摩擦时，我国兽药产业将面临无原料药可用的风险。在兽用化学药物制剂研发方面，存在水平低、开发不全面的问题。

2. 兽药行业人才队伍及平台建设缺乏

国内外从事兽药研发的科技人才差距较大。跨国医药公司的研发人员与企业员工总数的比值为 13%，且研发中心内部 57% 的员工为拥有博士学位的高知识、高技能人才。而我国从事兽药研发的科技人才严重不足，在我国化药企业，研发人员配比不足 8%，学历及能力参差不齐，高级职称人员占比只有 17.1%，即使有国内院校相关专业毕业的博士生参与企业研发，其知识运用能力和实践经验仍然相当缺乏，需要长时间培训才能真正为企业创造出相应价值。

3. 创新能力不够，缺乏原创性新兽药

我国兽药研发缺少原创性自主知识产权产品，研发成功的一类新兽药很少，主要集中在二类以下新兽药。化学药物研发，在构建、筛选具有活性的新化合物方面空间小、合成难度大，主要靠仿制国外技术；中药研发，临床组方研究少，部分依靠照搬医药卫生部门技术，群防群治，适用性不强。

4. 兽药辅料研发落后

兽药辅料是兽药制剂的重要组成部分，对制剂的关键质量指标起到极其重要的作用。优良的药用辅料不仅可以增强活性成分的稳定性，延长药品的有效期，还可以更好地调控活性成分在体内外的溶出或释放行为。随着兽药制剂产业的发展，兽药辅料也日益受到了业界的重视，兽用药用辅料已成为开发新制剂的核心技术之一。近年来，发达国家制剂辅料发展极为迅速，新辅料不断问世，不仅品种大幅度增加，而且型号多、功能全，基本实现系列化、规格化及专业化，可以适应不同新剂型、新制剂的需要。与发达国家相比，我国药用辅料起步相对较晚，在生产规模、种类、管理法规、标准制定等方面还存在诸多问题，药用辅料生产有待升级，这不仅限制了国内药用辅料生产企业的发展，同样也限制了我国创新动物用药物制剂的科研水平。

5. 兽药（化学药物、中兽药）的研究开发投入严重匮乏

由于历史原因，目前国家拨款资金用于新兽药基础研究部分（如纳米晶体技术、中兽药、新辅料等）的经费严重不足。与发达国家政府主要支持基础研究且政府与企业之间分工明确有较大不同，2000 年，我国支持生命科学基础研究的经费仅为 20 亿元人民币（相当于 2.5 亿美元），约占我国当年 GDP 的 0.02%；而美国政府每年投入支持生命科学基础研究的经费大约为 300 亿美元，占美国 GDP 的 0.3%。我国兽药生产企业没有专门研究机构、专门人员和充足的资金投入来开发新产品（尤其是创新兽用化学药物），也没有新兽药研究开发的专项资金。

6. 兽药产品结构不尽合理，技术水平不高

当前，我国兽药产品结构不合理、附加值低，产品同质化、老化，技术壁垒低。截至 2017 年 5 月 20 日，我国化学药物制剂行业生产批文共 35 000 个。单个兽药产品批准文号超过 800 个的就有 16 个品种，其中粉散剂 13 个，很多企业都在生产相同的产品。

中兽药制剂的批准文号总量虽多，但实际使用率较低；中兽药行业竞争激烈，单品种文号数量过多，产品同质化较为严重；批准文号较多的品种，仍以清热解毒类中药为主，治疗范围较小。

7. 兽药监管体系仍不完善

兽药法律法规不仅要制定兽药产品的质量认证制度和设定市场准入资格，还要制定兽药企业资格认证标准，规范企业行为，而且在国际贸易中，法律法规也起到技术性贸易壁垒作用。虽然我国近年来在兽药立法方面取得了巨大进步，但我国兽药产业法律法规体系仍不完善，兽药市场的区域监管存在失衡问题。因此，为了激励兽药企业积极创新，保障兽药产品的安全有效以及我国畜牧业的健康发展，必须制定合理、完善、科学的兽药创新体系和管理法规。

8. 兽药市场竞争激烈

当前，我国兽药企业生产设备陈旧落后，人员素质较低，技术力量不足，管理水平较差。低端兽药市场的相当一部分被国内产品占领，中高端市场几乎完全被国外产品占领。缺乏新兽药产品是制约我国兽药产业竞争力的主要原因。

同时，国际优势企业不断通过技术创新和兼并重组提升自身竞争力。从国际兽用化学药物企业发展来看，兼并重组是该产业经济全球化的必然趋势。近年来，国际兽药市场已迈入垄断发展时期，跨国企业先后兼并重组。而我国目前兽药产业的集中度较低，前十大兽药企业市场占有率仅为15%左右，远低于发达国家70%的水平。上述情况造成国产兽药无法抵挡进口药与合资企业产品的冲击。

9. 兽药生产销售环节仍有突出问题

在兽药生产环节，我国要求所有的兽药企业于2015年底完成兽药生产质量管理规范（GMP）认证，按照GMP管理规范的要求，采用自动化和信息化相结合的控制模式，尽可能在最大范围内规范、约束和取代人的行为和操作，实现生产全过程自动化的批控制和批管理，使我国兽药行业自动化真正达到可靠、实用、经济合理和技术先进的效果。但仍有很多企业在生产过程中没有严格遵照GMP规范进行生产。同时，部分从业人员素质不高，缺乏科学管理的人才资源。企业缺乏明确的目标和战略规划，研发及营销系统落后，无法保证兽用化学药物产业的良性和可持续发展。

10. 兽药（化学药物、中兽药）知识产权保护力度不够

兽药方面我国拥有自主知识产权的产品较少，多数为仿制国外的产品。一方面，由于跨国公司在技术方面的垄断地位，自然而然转化为市场的垄断权；另一方面，跨国公司对知识产权的保护意识较强，专利保护措施充分，使得我国兽药企业陷入了跨国公司的包围圈，突围的空间较小，我国企业引进国外先进技术的成本上升，从而限制了企业的发展。

二、兽药研究、生产与应用是社会经济发展的新需求

当前中国畜牧业正处于加速转型升级阶段，在追求以数量增长为主的传统养殖业的基础上朝着数量、质量和生态效益并重方向发展，在追求经济效益的同时还要兼顾环境保护、食品安全和公共卫生安全。发展集约化养殖模式是转型升级途径之一，而发展集约化养殖模式离不开安全、有效、可控、减少细菌耐药性产生的兽用化学药物应用。故应建立健全我国的兽药研发和管理体系，优先加强高效、安全、低残留兽用化学药物的研究开发。例如，开发具备长效性、生物利用度高和给药方便等特点的制剂及相应辅料；根据靶动物用药的特殊性，需开发子宫灌注剂、乳房灌注剂、浇泼剂、大丸剂和咀嚼片等；针对群体化给药的特殊需求，开发适口性和溶解性良好的饮水给药制剂、固体给药制剂等；组方合理的复方制剂也成为研发的主要方向。

虽然抗菌药物在中国畜牧业发展中发挥了重要作用，但是在现有养殖模式下，在追求经济效益的同时还要兼顾食品安全问题。故应开展兽药残留分析中基体标准物质的研究、兽用抗菌药物肠代谢及其与肠道菌群相互作用研究、多动物种属兽用抗菌药物代谢研究、混合兽药的联合毒性作用机制及其对残留的影响的研究、兽用抗菌药物在宠物的肠道代谢及其对肠道菌群影响的研究。

虽然抗菌、抗寄生虫药物在中国畜牧业发展中发挥了重要作用，但是养殖业广泛使用甚至滥用药物，造成畜禽病原菌及寄生虫的耐药率快速上升、耐药水平越来越高、耐药谱越来越广，不仅极大制约了养殖业健康持续发展，而且严重威胁动物源食品安全、公众健康。故应开展畜禽重要病原菌耐药机制研究、耐药性检测和监测研究、耐药性控制技术研究、基于寄生虫与宿主关系的抗寄生虫药物开发和耐药控制技术的研究及抗菌药物替代物的研究。

中国畜牧业在追求经济效益的同时还要兼顾环境、食品安全问题，向绿色健康养殖方向发展。而中兽药产品具有毒副作用小、无耐药性、不易产生药物残留、对生态环境无污染及天然多功能性等优势，已成为现代医药学界研究开发、兽医临床与畜牧业生产中应用与关注的热点。我国中兽药行业存在中兽药疗效不稳定、药源成本高、质量标准相对不健全、制剂种类少及制剂工艺落后等问题，故应开展复方（或组分）中兽药配伍及应用研究、兽用中药资源综合开发利用研究、中药标准提取物与中兽药制剂工艺创新研究、中兽药新药创制与临床应用方案研究、中兽药整体性质量控制技术研究和兽医临床常用中药制剂的二次开发。

随着国内人民生活水平的提高和精神需求的提升，家庭宠物的数量不断增

加，宠物用药市场已步入快速发展期，需大力开发宠物药物。水产养殖业规模越来越大，但可用药物目前很少。

第四节　兽药（化学药物、中兽药）产业发展方向

一、发展思路

未来 5～15 年，我国兽用化学药物产业的发展要立足国内，面向国际。企业与科研院所联合，加强原料药及制剂的筛选及创新研发，加大创新药物的研发投入力度。通过计算机辅助设计与筛选、先导化合物结构优化设计与生物活性评价、活性化合物高效合成和药物晶型研究等手段深入挖掘新型动物专用原料药。针对靶动物用药方式的特殊性和群体给药的独特需求，利用较为成熟的缓释给药系统研究基础，开发安全、高效、速效、低残留的兽用新制剂。加大畜禽重要病原菌、寄生虫耐药机制研究。

未来 5～15 年，我国中兽药产业的发展要立足国内、引领国际发展。中兽医与中兽药学是我国传统医药学的一个重要分支，"辨证论治"是中兽医学认识和治疗动物疾病独特的思维方法，以"辨证论治"为基础揭示中兽药复方配伍规律的科学内涵；遴选兽医临床上长期使用、确有疗效的药用植物，开展常用中兽药道地性研究和全链条种植及炮制技术集成示范研究；开展兽医临床常用中兽药质量识别关键技术的研究，健全完善中兽药质量标准体系；选择兽医临床常用中兽药品种，从生产技术、设备等方面变革目前提取生产模式，实现提取的现代化。研制规范化及过程控制智能化的提取生产线，构建专业化中兽药提取生产基地，推动提取产业的快速发展。

通过未来 5～15 年，我国兽药（化学药物、中兽药）产业的发展，将填补我国动物养殖对兽药需求空白，丰富现有制剂品种，提高我国兽药制剂水平。兽药企业及时转变生产经营机制，实施集团化发展战略，提升与跨国公司竞争的实力。国家着力完善兽药研发体系和管理制度，构建兽药产业创新平台，突破行业共性关键技术，提升产业自主创新能力和产品市场竞争力；出台鼓励兽药研发单位实施创新的政策措施，建立自主发展的长效机制，加大创新兽药研发投入力度；深化兽药产业结构调整，促进产业链衔接，实现重大新产品研制突破，引领我国兽药产业科技由弱到强的转变；提高仿制兽药研究能力，增加兽药国产化品种，降低进口兽药数量；提升兽用化学药物产业准入门槛，完善

药品监管法律法规和人员配备，积极营造良好的创新氛围，实现兽药的规范化生产和销售，提振兽药企业参与国际竞争的信心，为兽用化学药物产业长期健康持续发展奠定坚实的基础，使我国兽药产业在国际兽药市场中赢得一席之地。

二、发展目标

兽药（化学药物、中兽药）产业的发展基础来自兽药产品的创新，开发出具有自主知识产权的高效、安全、可控的中兽药和高效、安全、可控、低残留的创新性兽用化学药物是我国兽药产业发展的主要目标。创新性兽药（化学药物、中兽药）开发的源头在于创新性生物靶点和作用机制的发现和掌握、复方（或组分）中兽药配伍机理、作用靶标及作用机制研究、创新性化学药物的分子设计，以及新型制剂的创制。经过产品结构优化升级，在未来5～15年内，预计将会有5个以上拥有自主知识产权的Ⅰ类新化学实体兽药投放市场，研制出15个以上拥有自主知识产权、掌握核心技术、达到国际先进水平的新兽药产品，建设一批重点实验室、研发中心和（中）兽药创制研究平台，自主创新能力显著增强。依靠创新产品的研制开发，力争从根本上提升部分大型兽药企业的核心竞争力和市场地位，改变具备创新能力的中小企业生存困境，增加企业的产值和市场占有率，逐渐实现行业整合，改善进口产品垄断中高端兽药市场的局面。随着我国在知识产权保护及兽药、动物源食品标准与世界进一步接轨，畜牧业完成从数量型到质量型的转变，国内动物产品的生产全面进入产品质量提升期，更加重视公共卫生安全、控制兽药残留、提高动物食品品质以及兽药对生态环境的影响。不断完善和有效实施国家兽药监管制度，杜绝低劣的兽药产品市场流通，保证动物健康和食品安全，促进兽用化学药物产业的良性发展。

三、创新发展方向

以重大需求为导向，以技术和产品为主线，以协同创新为动力，以完善创新体制机制为支撑，夯实兽药创新基础和理论，突破产业共性关键技术，创制标志性兽药新产品。

1. 加强兽药的产品和技术创新

研究开发高效、安全、可控的兽药（化学药物、中兽药），是国内外兽药行业的重要发展方向。紧跟科技进步，加强兽药创制基础研究，研究和应用兽药高效创制的理论、方法和技术；努力创新制剂技术，着力增加原料药及生药材的制剂种类；针对宠物用药的急速增长、水产动物和经济动物用药的短缺局面，加大该类药物产品的创新攻关；综合我国集约化养殖业生产的实际情况，研发便于给药的群体给药技术及产品。

2. 加强兽药创新能力和人才建设，形成创新体系

依托国家和地方兽药工程中心、高校和科研院所，培养相关兽药研发人才，建设新兽药研发系列平台，完善适合我国国情的创新兽药技术评价支撑体系的框架。

建立创新人才的激励机制，重视对兽药行业急需的科技创新、质量管理、国际化运作等方面人才的培养和引进，充分调动科技人员的积极性和创造性，注重科研创新人员在兽药产业中发挥的作用，确保一批高层次学科带头人潜心从事兽药科学研究。

3. 积极调整兽药（化学药物、中兽药）**产品和产业市场的结构**

当前中国畜牧业正处于加速转型升级阶段，在追求以数量增长为主的传统养殖业的基础上朝着数量、质量和生态效益并重方向发展，在追求经济效益的同时还要兼顾环境保护、食品安全和公共卫生安全。兽药企业需要根据自身的特点和优势，做好产品的定位工作，避免工艺简单、技术含量低的产品重复报批和生产，降低市场产品同质化。兽药监管部门需制定合理有效的政策加以引导，进一步规范对兽药企业的产品审批和伪劣产品的惩处工作，切实促进兽药市场的产品和结构调整。

4. 立足国内市场，谋求开拓海外市场，促进兽药产品出口

部分具备竞争实力的优势兽药企业，可通过提高研发投入，争创特色产品，改变我国基本仅存在兽药原料药出口的现状。利用中医药在"一带一路"沿线各国的科技合作和应用的良好契机，积极推进中兽药产品在国外市场的应用，促进中兽药走向世界。

第二章 兽药（化学药物、中兽药）创新科技发展动态

第一节 兽用化学药物创新科技发展动态

一、兽用化学药物基础理论研究进展

（一）受体与靶点

1. 辣椒素受体（TRPV1）

辣椒素受体，也称香草酸受体（VR1），是研究较为广泛、较受关注的非选择性阳离子通道受体之一。辣椒素具有镇痛止痒、抗炎消肿、调节食欲、治疗消化道疾病、预防心血管疾病、防治风湿、抗癌和减肥等作用，在临床上被广泛应用；对害虫具有触杀、趋避作用，是新型的绿色环保农药。TRPV1 阻断剂对尿失禁、久咳和肠应激综合征等也有较好的治疗效果。

2. 肝 X 受体（LXR）

LXR 可作为胆固醇代谢异常相关疾病的新的治疗靶点，LXR 激动剂可用于治疗动脉粥样硬化、2 型糖尿病、阿尔茨海默病（AD）、高血压、肿瘤、胆结石、肺炎性疾病及皮肤病等。以 LXR 为靶点，寻找 LXR 特异性激动剂/拮抗剂，或能影响 LXR 发挥转录因子作用的物质，对研究代谢性疾病、AD 等的发病机制及发现新的药物将是很好的途径。

3. G 蛋白偶联受体（GPCR）

GPCR 参与调节人体内几乎所有重要的生理功能，并且由于其位于细胞表面，易与药物分子作用，因此 GPCR 是最受关注的药物靶标蛋白家族。根据最新的统计数据，在美国食品药品监督管理局（FDA）批准上市的药物中，靶向 GPCR 药物共有 475 种（约占 FDA 批准药物的 34%）。2011—2015 年，GPCR 药物销售额达 9 170 亿美元。在过去 5 年间，共有 69 种靶向 GPCR 药物获批上市，且尚有 321 种候选药物处于临床阶段。Hauser 等人在统计获批药物和临床候选药物作用靶点时发现，胺类受体，如组胺受体、多巴胺受体、肾上腺素受体、乙酰胆碱受体等为主要的药物靶点，475 种获批药物中的 314

种作用在该类受体上。

近年来，受体药理学和结构生物学的发展为发现 GPCR 药物开辟了新的途径，生物药（单克隆抗体、多肽等）、别构调节剂以及偏向性配体类药物的研发得到了快速发展。生物药由于其自体可代谢的安全性受到各大药企的青睐，2014—2016 年，FDA 批准的新药中有 27%～33% 为生物药。尽管目前尚无靶向 GPCR 的单克隆抗体药物，但是已有 16 种治疗癌症、炎症、神经和代谢性疾病的靶向 GPCR 的单克隆抗体处于临床研究阶段。靶向 GPCR 的多肽药物由来已久，主要以 B 家族的胰高血糖素样多肽受体 GLP-1R 为靶点，如治疗 II 型糖尿病的艾塞那肽（exenatide）、利西拉肽（liraglutide）、利拉鲁肽（lixisenatide）、阿比鲁肽（albiglutide）和度拉糖肽（dulaglutide）。其他一些多肽，如布美兰肽（bremelanotide）（黑皮质素受体非选择性激动剂，治疗女性性功能障碍）和赛美拉肽（setmelanotide）（黑皮质素受体 MC4 特异性激动剂，治疗肥胖）等目前处于临床 III 期阶段。

4. 心血管受体

在研心血管药物的热点靶标主要有钙通道、凝血因子 II α、凝血因子 X α、钾通道、血管紧张素转化酶（ACE）、糖蛋白 III b/III α、β 肾上腺素受体、血管紧张素 II 受体等。对已上市心血管药物的靶标统计显示，上市药物的靶标主要有钙通道、血管紧张素转化酶、β 肾上腺素受体、血管紧张素 II 受体、凝血因子 II α 和 I 型 β 肾上腺素受体等。

（二）药物设计筛选理论

现代药物的发现经历了经验积累、偶然发现、药物筛选、定向设计等阶段，如 20 世纪 20—30 年代以水杨酸为代表的用动植物分离纯化制备天然产物药物；30—60 年代以青霉素、磺胺为代表的合成药物、发掘抗生素、开展筛选并改造结构；60 年代开始，药物的发现迈向综合筛选、定量研究与合理设计；90 年代逐步形成了以靶点为目标的计算机辅助设计筛选。

当今的药物设计筛选基本理论是在 20 世纪 60 年代随着物理、化学和生物学的快速发展而建立起来的，这些理论包括受体学说、药效与化学结构的关系、药物动力学与药物化学结构、药物的生物转化、生物电子等排原理、药物结构的同系效应等。在此基础上，人们发展了定量构效关系（QSAR）理论，并提出了 Hansch 模型、Free-Wilson 模型、模式识别、神经网络等方法，使得将分子作为一个整体考虑其性质的计算机辅助药物设计被引入药物设计中，极大地推动了现代药物设计的发展。进入 21 世纪，随着众多生物大分子三维结构的准确测定，细致反映三维分子结构与生理活性之间关系的诸如比较分子场方法（CoMFA）、虚拟受体等三维定量构效关系方法被提出并逐步应用于药物设计。

1. 当代药物设计筛选理论进展

一般来说，后基因组时代的药物研发可分为 4 个阶段：靶标的识别和确证，通过功能基因组学在分子水平上研究疾病发生的机制；确证药物作用的靶标和先导化合物的发现，通过组合化学、高通量筛选以及分子碎片等方法发现先导化合物；先导化合物的改造和优化，应用结构生物学、构效关系分析等手段，优化先导化合物的活性、选择专一性，以及与药物代谢（简称药代）动力学相关的性质；选择合适的候选药物进入临床前和临床研究。这 4 个阶段并没有严格意义上的顺序，是密不可分、相辅相成的。

当代药物设计筛选可以分为基于靶标结构的药物设计和基于配体的药物设计。基于靶标结构的药物设计理论有基于靶标结构的化合物虚拟筛选、全新药物设计、me too/me better 药物设计、分子对接、基于片段的药物设计与改造等。基于配体的药物设计理论有完全基于配体的药效团设计、基于配体-受体复合物的药效团设计、化合物数据库的构建和筛选、药效团数据库的构建与保存、基于药效团数据库的反向找靶、定量构效关系分析、虚拟组合化学库的设计与分析、类药性筛选、化合物构象搜索和分析、化合物 ADMET 性质预测等。

计算机技术的引入使人们对客观世界的计算判断能力成倍增长，计算机辅助小分子药物发现和开发已经替代传统方法被广泛用于构建预测模型中，如定量结构-活性关系模型和定量结构-性质关系模型等。利用计算机虚拟预测性质的方法设计药物具有低成本、高效率的特点，随着预测准确度的不断提高，在药物研发中也起到了越来越重要的作用并得到了广泛应用。

（1）分子动力学模拟

分子动力学模拟是指用计算机模拟分子在原子水平上的动态行为获取在实验中无法观察到的现象，可以弥补实验的不足，阐明现象的机理，甚至可以预测实验的结果。分子动力学模拟最直观的应用是探索生物体系内的动态过程，如蛋白质结构的稳定性、蛋白质在特定条件下的构象变化、蛋白质折叠和去折叠的过程、受体和配体之间的分子识别机制、生物体系中的离子输运过程等。利用该理论，学者针对淀粉样蛋白核心分子结合动力学设计了新的肽或有机分子药物以抗阿尔茨海默病、帕金森综合征。

（2）虚拟筛选

虚拟筛选即在进行生物活性筛选之前，在计算机上对化合物分子进行预筛选，以降低实际筛选化合物数目，同时提高先导化合物发现率。虚拟筛选的对象是化合物数据库，不需要消耗化合物样品，大大降低了筛选的成本。同时，可以在筛选过程中考虑化合物分子的药物动力学（简称药动学）性质和毒性等。虚拟筛选可以分为基于受体结构的虚拟筛选和基于配体的虚拟筛选。近年来，随着化学信息学方法的不断发展，出现了很多虚拟筛选的新方法，如基于药效团匹配、相似性搜索等，这些方法属于基于配体的方法，即先决条件是拥有已知活性的先导小分子。

（3）基于结构的药物设计

基于结构的药物设计（SBDD）是根据靶标大分子的三维结构，按照结构和性质互补的原则，筛选可能与靶标大分子进行特异性结合的小分子，具有直接、高效的优点。近年来，生命科学领域的飞速发展使得越来越多的药物靶标晶体结构被解析，也促进了 SBDD 方法的发展。SBDD 方法主要包括分子对接、全新药物设计等。

（4）量子化学应用于药物设计筛选

量子化学方法可以提供实验中无法直接获得的结构或能量信息，解释实验现象，预测实验结果，而且计算精确度高，用时少，弥补了传统实验的不足，逐渐被广泛应用于不同领域的科学研究中，并取得了许多有意义的结果。近年来，计算机技术的发展促进了高精度的量子化学理论计算，使人们能在电子结构水平上准确地预测并了解原子之间非共价键的弱相互作用。在现阶段的药物设计中，对靶点蛋白和药物分子之间的非共价作用的本质、范围及其相关性的研究，有助于理解它们之间的相互作用以及识别过程，从而设计并合成新的药物。当前发展的多种计算非共价键的弱相互作用的量子化学方法，各有其优缺点及适用性，也能相互结合且互补。随着计算机技术的发展，我们可以充分利用大基组并考虑高相关效应，将多种方法有效结合，对非共价键的弱相互作用进行更加精确且完全的计算。随着量子化学方法的不断完善和计算机技术的迅速发展，量子化学在药物研发领域中的应用将不断得到拓展，为新药设计提供一条更加快捷有效的途径。

（5）针对耐药性的药物设计理论发展

靶向突变蛋白小分子调节剂的开发可能是克服耐药性最直接的 SBDD 方法。在已知抗性突变体结构的情况下，新药可被设计为不仅与野生型靶标结合，而且还与突变株结合。这种常用的策略已经应用于抗癌、抗病毒和抗菌药物，例如，开发新的激酶抑制剂来克服伊马替尼耐药性。一般情况下，靶向耐药机制允许新的药物与原始药物结合使用，如 β-内酰胺酶由于其水解内酰胺环的能力，导致这些药物的失活，被认为是细菌耐药的主要原因。为了克服耐药性，人们一直在努力开发不能被这些酶裂解的青霉素类药物，即内酰胺酶抑制剂。

2. 大数据时代的药物设计

新药的研发过程通常所需时间长、成本高，且淘汰率高，现在研发新药的道路已经变得越来越艰难（包括计算机辅助设计）。从寻找新的备选化合物到药物上市，往往要用十几年时间和大量金钱，这其中还可能以失败告终。然而，随着大数据时代的到来，能否以数据驱动方式显著提高药物研发的成功率，以及降低药物研发的周期和成本，是一个值得思考的话题。

"基于系统的药物设计"是将药物分子信息与疾病调控网络、基因组、蛋白质组、代谢组等各类数据信息进行综合利用，是未来的药物设计方向之一。传统的数据挖掘方法可能由于训练样本数据量小，不能体现出算法对于大数据的优势，在分析大数据时一般会显得能力不足。近年来，出现了一些可针对大数据的分析方法，其中值得注意的是"深度学习算法"。深度学习算法具备的强大特征抽象能力及大数据处理能力，使其在药物设计和药物信息领域具有广泛的应用前景。

3. 我国药物设计研究现状

我国药物设计从 20 世纪 80 年代开始起步，通过老一辈药物设计工作者的不断努力，取得了长足的发展和进步。特别是过去 10 年，我国在人用药物研发领域出现了一大批国际知名学者和一些具有一定国际影响力的研究团队。

总之，我国药物设计领域的发展还处在初级阶段，兽用药物的设计更是全面落后。我们应该清楚地认识到，在国际上药物设计方法和技术也并不十分成熟，还在不断发展中。因此，如果我们不继续加大发展力度和支持具有自主知识产权的技术与方法的开发，我们将会失去在这一领域的话语权。

（三）兽药吸收与转运

1. 兽药口服吸收与转运的进展

口服给药是目前兽医临床应用最多的给药途径，胃肠道吸收是口服药物发挥疗效的第一过程。口服给药的胃肠道吸收过程非常复杂，除受药物理化性质、药物剂型等因素影响外，胃肠道的生理学和病理学因素也是影响口服药物吸收的重要因素。主要体现在：①肠道药物转运蛋白的表达具有动物种属差异和组织差异。②感染和炎症影响药物转运蛋白的表达。③P-gp 蛋白的表达和功能受外源化合物的影响并介导药物间的相互作用。④肠道药物代谢酶和肠道转运蛋白具有协同降低肠道药物吸收的作用。

2. 胞内感染治疗的研究进展

（1）胞内感染给养殖业造成巨大的经济损失

目前，胞内病原菌（立克次体、衣原体、金黄色葡萄球菌、胞内劳森菌、布鲁菌、沙门菌、结核分枝杆菌、麻风杆菌、嗜肺军团菌）能通过自身特定的生存策略或者毒素穿透细胞膜进入细胞，引起慢性和持续性感染，给畜牧业生产造成了巨大的经济损失，严重阻碍了畜牧业健康发展。

（2）纳米技术为抗菌药物的胞内输送提供了新思路

纳米抗菌药物可以通过淋巴转运和炎性部位毛细血管的渗透增强作用将药物输送到感染的靶部位和靶细胞。纳米药物到达感染部位后，可以通过膜融合、内吞、膜裂缝通道等多种途径和方式被摄入感染细胞，从而提高抗菌药物在细胞内的浓度和增加维持有效浓度的时间，显著提高胞内感染的治疗效果，为突破畜禽胞内感染性疾病的治疗难题提供新的途径。

（四）口服药物制剂设计

生物药剂学分类（BCS）是由 Amidon 等于 1995 年提出的，给药学研究者及药物评审机构提供了很好的指导，美国 FDA 已经将其应用于仿制药物评审指导，药物制剂研究人员也可按照其分类来设计制剂组方。剂型决定了给药途径和吸收途径，口服制剂具有方便给药的特性，常被首先考虑开发。如果药物苦味等较重，可以选择做成微囊、片剂包糖衣、胶囊等剂型。如果药物对胃刺激性大或在酸中不稳定，可以制成肠溶制剂。从治疗效果的角度看，若想发挥速效作用，可将药物制成口服液剂、可溶性粉剂、合剂、气雾剂、颗粒剂、分散剂；为使药物缓慢发挥作用，可制成蜜丸、缓释片剂、缓释微囊等。

口服给药是药物经口服后被胃肠道吸收入血，起到局部作用或全身作用的一种给药途径。口服给药，不论对人还是对动物都是最为常用、最方便又较安全的方法，但是药物口服吸收是一个十分复杂的过程，胃肠道生理特性、药物的理化性质和制剂等因素的变化都会对药物吸收产生大的影响。因此，了解药物特征、口服吸收机制、不同种属的生理结构等影响因素，特别是对于口服生物利用度较低的药物，研究影响其吸收的因素，对于改善药物的吸收性质、提高药物的临床疗效具有重要意义。

1. 口服药物的特性

在设计药物过程中第一步要考虑的就是药物本身特性，可以根据药物溶解性、渗透性等特性设计剂型和给药途径，通过体外测定药物的溶解性、渗透性等相关药物参数预测药物是属于溶解控制还是属于吸收控制。

2. 不同动物胃肠道生理特性

人体以及各类动物胃肠道系统由于性状、大小、功能各异，导致在 pH、胆汁、胰液、黏液、流体体积和内容物方面存在很大的生理差异，这些差异将会对药物溶出速率、溶解度、运送时间、药物分子跨膜转运造成影响，不同动物胃肠道微生物的含量不同，也会对药物代谢、肝肠循环产生不同结果，胃肠道的尺寸和蠕动不同将导致药物在胃肠道内的运输时间不同，在胃肠道肠黏膜上存在的蛋白质差异也会影响药物与受体结合，影响药物的吸收。

哺乳动物不同物种之间的基本结构相似，但是胃肠道的整体形态会受食物性质、食物摄入频率、需要存储的食物及大小形状影响。不同物种的胃肠道形态和黏膜区面积有很大不同，黏膜区大致分为贲门腺区、胃底腺区和幽门腺区。人与犬、猪的胃部是最为接近的，胃部都是由贲门、胃底、幽门3部分腺黏膜组成。猪胃的容积是人的2～3倍，且胃的大部分被贲门腺体占据；马、牛腺体黏膜部位较少；啮齿动物和马、猪在进食端有无腺体区，被覆角化的复层鳞状上皮细胞主要用于存储食物。

草食性动物要消化植物，消化道长；杂食性动物（人、猪、熊）消化道长度中等；肉食性动物（狼、犬、猫）可以消化动物性脂肪及蛋白质，消化道短且呈酸性，小肠也短。从解剖后的动物小肠长度可以看出，牛有很庞大的小肠，是自身体长的20倍以上，猪为14倍，犬为6倍，猫为4倍。小肠内膜由列成环形皱褶的柱状上皮细胞组成，每个上皮细胞表面都有微绒毛，使得小肠表面积增大了500多倍。小肠是营养物质及药物吸收的主要场所。

3. 药剂因素

药剂因素涉及药物理化性质及脂溶性、溶出等方面。具有碱性、酸性特点的药物，会受人体胃肠道pH影响，最终药物呈现出分子型、解离型两种形式，而细胞膜类脂结构提高了胃解离型通过的效果。脂溶性相对较强的药物，总体的药物吸收效果相对较差，这与水性体液的存在相关，所以口服的药物要尽量保证其具有亲水、亲油的特点。

经口给药的药物制剂虽然方便、安全、适用，但是因为其影响因素很多，要想开发出一个疗效可靠的好制剂，设计者首先要研究药物的溶解性、渗透性、稳定性、起效浓度、药物的中毒浓度等理化性质，研究开发成口服制剂的可能性，然后根据给药对象是牛、羊、犬还是鸡，分析不同给药对象的胃肠道生理结构、分泌物、对药物的吸收和代谢存在差异问题，研究不同种属对药物的耐受性、敏感性等问题，充分考虑各种因素后，对药物制剂采取相对科学的评价方法进行评价。

（五）药效和毒性作用机制

兽医临床上抗菌药、抗寄生虫药的使用量占整个化学药物的60％以上，其在预防和治疗动物疾病、保障畜牧业发展方面发挥着巨大作用，然而在使用过程中出现了耐药或者毒性作用，对动物健康产生了危害。因此，研究常用兽药化学药物的药效和毒性作用机制就显得尤其重要，以期能够从根本上解决兽用化学药物的耐药及毒性作用，并为兽用化学药物的研发提供新的靶点，为兽药的安全性评价提供科学依据。

1. 抗菌药

在兽医临床上，用于预防、治疗动物细菌性感染的抗菌药主要包括抗生素和合成抗菌药，抗生素包括β-内酰胺类、氨基糖苷类、四环素类、酰胺醇类、大环内酯类、林可胺类等；合成抗菌药主要有氟喹诺酮类、磺胺类等。

（1）β-内酰胺类

β-内酰胺类抗生素是化学结构中含有β-内酰胺环的一类抗生素。兽医临床上此类抗生素有青霉素、头孢菌素和β-内酰胺酶抑制剂。β-内酰胺类抗生素抗菌作用原理主要是与细菌细胞膜上的青霉素结合蛋白（PBP）结合而妨碍细菌细胞壁黏肽的合成，使之不能交联而造成细胞壁的缺损，进而导致细菌细胞膜破裂死亡，并且其杀菌作用只在细胞分裂后期细胞壁形成的短时间内有效。本类药物必须先渗透细菌的外膜才能到达作用位点，因此革兰氏阳性菌对该类药物的作用更加敏感。β-内酰胺类抗生素发挥其作用具有时间依赖性，且在血药浓度持续高于最小抑菌浓度（MIC）的时间对临床疗效很重要，属于慢速杀菌剂。

（2）氨基糖苷类

氨基糖苷类是一类由氨基环醇和氨基糖以苷键相连接而形成的碱性抗生素，常用的有链霉素、卡那霉素、庆大霉素、新霉素、阿米卡星、大观霉素等。它们的共同特点是：水溶性好，性质稳定；抗菌谱较广，对葡萄球菌、需氧革兰氏阴性杆菌及分枝杆菌（如结核分枝杆菌）均有抗菌活性，主要抑制细菌蛋白质合成；胃肠吸收差，肌内注射后大部分以原型经肾排出。该类药物的作用机理主要是通过与细菌核糖体30S亚基上一个或多个蛋白受体产生不可逆性结合，进而干扰mRNA转录，抑制蛋白质的合成，使细菌细胞膜通透性增强，引起细胞内钾离子、腺嘌呤、核苷酸等重要物质外漏，进而引起死亡，对静止期的细菌具有较强的杀灭作用，属于静止期杀菌剂。

（3）四环素类

四环素类药物目前分为天然四环素类抗生素和半合成四环素类抗生素。天然四环素类抗生素（四环素、土霉素、金霉素和去甲金霉素）是由放线菌产生的一类广谱抗生素，其化学结构不稳定，易产生耐药性，而半合成四环素（多西环素、美他环素）是在天然四环素药物的基础上进行结构改造，主要是在C5、C6、C7位进行。四环素类抗生素是一种广谱抗菌药，对大多数革兰氏阳性菌和阴性菌、螺旋体、放线菌、支原体、衣原体、立克次体和原虫有抑制作用；该类药物有良好的抗微生物活性，不良反应轻微。四环素类是主要抑制细菌蛋白质合成的广谱抗生素，高浓度具有杀菌作用。四环素类通过干扰氨酰tRNA与核糖体的结合而抑制细菌蛋白质的合成。在革兰氏阴性菌中，四环素类是从孔蛋白通道和聚集在细胞周质的间隙通过细胞膜的，该过程需要质子动力泵的能量驱动。进入细菌细胞后，药物分子与原核生物核糖体30S亚基形成可逆结合体，从而阻止蛋白质的合成。抗生素浓度较低时，这种可逆的竞争性结合也将失去作用，细菌的蛋白质合成将继续进行。四环素类还可以与线粒体 70S 亚基结合，抑制线粒体蛋白质的合成。四环素类与真核细胞核糖体 80S 亚基的结合能力相对较弱，因此其抑制真核细胞蛋白质合成的能力也较弱。总之，四环素类抗菌的作用机制是通过结合到核糖体亚基的 A 位点，与受体的 tRNA 进行竞争性抑制，从而抑制肽链的增长和影响细菌蛋白质的合成。

（4）酰胺醇类

酰胺醇类抗生素属广谱抗生素，主要是氯霉素及其衍生物（氯霉素、甲砜霉素、氟苯尼考等）。目前，世界各国几乎都禁止氯霉素用于所有食品动物，氟苯尼考已成为氯霉素的替代品。本类药物的作用机理主要是与 70S 核蛋白体的 50S 亚基上 A 位紧密结合，阻碍肽酰基转移酶的转肽反应，使肽链不能延伸，而抑制细菌蛋白质的合成。

（5）大环内酯类

大环内酯类是一类具有 14～16 元大环的内酯结构的弱碱性抗生素，主要有红霉素、泰乐菌素、替米考星、吉他霉素、螺旋霉素、阿奇霉素、克拉霉素、泰拉霉素等。该类药物的抗菌谱和抗菌活性基本相似，主要对需氧革兰氏阳性菌、革兰氏阴性球菌、厌氧球菌及军团菌属、支原体属、衣原体属有良好作用。该类药物的作用机理均相同，仅作用于分裂活跃的细菌，属生长期抑菌剂，作用于细菌 50S 核糖体亚基，通过阻断转肽作用和 mRNA 位移而抑制细菌蛋白质合成。本类药物内服可吸收，体内分布广泛，胆汁中浓度很高，不易透过血脑屏障。主要从胆汁排出，粪中浓度较高。

（6）林可胺类

林可胺类是从链霉菌发酵液中提取的一类抗生素，如林可霉素和克林霉素，它们具有很多共同特性：都是高脂溶性的碱性化合物，能够从肠道被很好地吸收，对细胞屏障穿透力强，药动学特征相似。此类药物主要治疗青霉素耐药或不耐受的革兰氏阳性菌引起的感染，克林霉素也常用于厌氧菌感染的治疗。其作用机理同红霉素，主要作用于细菌核糖体 50S 亚基，通过抑制肽链的延长而影响蛋白质合成。由于红霉素、氯霉素的作用部位与此相同，且前两者对核糖体的亲和力大于后者，因此本类药物不宜与红霉素或氯霉素合用，以免出现拮抗现象。

（7）氟喹诺酮类

氟喹诺酮类药物（环丙沙星、恩诺沙星、诺氟沙星、培氟沙星等）属第三代喹诺酮类抗菌药，是一系列新型氟取代的喹诺酮类衍生物。该类药物的抗菌谱明显比第一、第二代大，抗菌活性显著增强，不良反应较小，对葡萄球菌、肺炎链球菌、某些厌氧菌、支原体等均有效，特别是对铜绿假单胞菌效果好，几乎适用于临床常见的各种细菌感染性疾病。氟喹诺酮类药物通过抑制细菌DNA 螺旋酶和拓扑异构酶Ⅳ，阻碍 DNA 合成而导致细菌死亡。氟喹诺酮类药并不是直接与 DNA 螺旋酶结合，而是与 DNA 双链中非配对碱基结合，抑制 DNA 螺旋酶的 A 亚单位，使 DNA 超螺旋结构不能封口，不能形成负超螺旋结构，阻断 DNA 复制，导致细菌死亡。

（8）磺胺类

磺胺类药物是一类具有对氨基苯磺酰胺结构的化合物，属于人畜共用抗菌药，主要用于预防和治疗细菌感染性疾病，对于革兰氏阳性菌和革兰氏阴性菌均有良好的抗菌活性。该类药物的抗菌机制基于敏感菌需要合成叶酸作为细胞内其他重要分子的前体物，细菌不能直接利用其生长环境中的叶酸，而是利用环境中的对氨苯甲酸（PABA）和二氢蝶啶、谷氨酸在菌体内的二氢叶酸合成酶催化下合成二氢叶酸。磺胺药的化学结构与 PABA 类似，能与 PABA 竞争二氢叶酸合成酶，影响二氢叶酸的合成，从而使细菌生长和繁殖受到抑制。

2. 抗寄生虫药

兽医常用的抗寄生虫类药物主要有抗蠕虫药物（驱线虫药、驱绦虫药和驱吸虫药）、抗原虫药物（抗球虫药物、抗锥虫药物和抗梨形虫药物）和杀虫药物（杀昆虫药和杀螨虫药）。

阿维菌素类药物是临床使用最广的驱线虫药，近年来开发了多种新型阿维菌素类体内外抗寄生虫药，如多拉菌素、埃普诺霉素和塞拉菌素等。多拉菌素主要用于猪体内外寄生虫的驱除。苯并咪唑类也是应用较广泛的抗蠕虫药，咪唑并噻唑类药物中仍在广泛使用的是左旋咪唑，其主要用于牛羊消化道线虫和肺线虫的驱除；四氢嘧啶类药物中的噻嘧啶和甲噻嘧啶驱虫谱较为相似，但后者比前者的作用更强，毒性更小。

目前常用的驱绦虫药主要有吡喹酮、氯硝柳胺、丁萘脒和溴烃苯酰苯胺等。其他兼有抗绦虫作用的药物有苯并咪唑类药物，如阿苯达唑、甲苯咪唑、芬苯达唑和奥芬达唑等。吡喹酮目前是治疗动物血吸虫病、绦虫病和囊尾蚴病应用最广的化学药物。硝氯酚是国内外治疗肺吸虫病的有效药物，主要用于治疗牛、羊肝片吸虫感染，在我国已取代四氯化碳、六氯乙烷和硫双二氯酚等传统驱虫药。

地克珠利为三嗪类抗球虫代表性药物，具有高效低毒的特点，由于该药半衰期短，需临床连续用药，且长期用药易产生耐药性，其作用于球虫蛋白的潜在药物靶点；马杜霉素目前是离子载体抗生素类中抗球虫效果最好的；海南霉素是我国自行研制的第一个防治鸡球虫病专用抗生素药物。甲硝唑是临床常用的抗滴虫药物，主要用于治疗牛毛滴虫病、犬贾第鞭毛虫病等；地美硝唑是一种新型抗滴虫药物，可用于治疗禽组织滴虫病和鸽毛滴虫病。目前临床常用的抗锥虫药物为三氮脒；用于预防锥虫感染的喹嘧胺类药物有硫酸甲基喹嘧胺和氯化喹嘧胺。抗梨形虫（焦虫）药双脒苯脲和间脒苯脲，对巴贝斯虫病和泰勒虫病均有治疗和预防作用，马属动物较敏感；传统应用的抗梨形虫药物硫酸喹啉脲，对巴贝斯虫属所引起的各种原虫病均有效，早期应用效果显著，且具有长效性。

杀虫药可分为有机磷类、菊酯类、有机氯类及其他类杀虫药。常见的有机磷杀虫药有巴胺磷、二嗪农、辛硫磷和倍硫磷等；菊酯类是临床应用最广泛、效果最确实的动物体外杀虫药，如溴氰菊酯、氯氰菊酯、氰戊菊酯等可快速高效杀灭虫体，且毒性较低，但该类药物用久易产生耐药性。

抗寄生虫药物的品种和数量都在不断地增加，因其化学结构、作用及主要的作用靶标不同，故其作用机理也各不相同。①抗叶酸代谢。疟原虫必须通过自身合成叶酸并转变为四氢叶酸后，才能再合成核酸。乙胺嘧啶能抑制疟原虫的二氢叶酸还原酶的活性，阻断其还原为四氢叶酸，进而阻碍核酸的合成。磺胺类及砜类与对氨基苯甲酸竞争二氢叶酸合成酶结合部位，后者催化对氨基苯甲酸与磷酸化蝶啶的缩合反应以生成二氢蝶酸。二氢蝶酸再转变成二氢叶酸，后者作为辅助因子参与形成核酸合成所需的嘌呤前体。②影响能量转换。甲硝唑抑制原虫（阿米巴虫、贾第虫、结肠小袋纤毛虫）的氧化还原反应，使原虫的氮链发生断裂而死亡。吡喹酮对虫体糖代谢有明显抑制作用，影响虫体摄入葡萄糖，促进糖原分解，使糖原明显减少或消失，从而杀灭虫体。阿苯达唑、甲苯达唑等苯并咪唑类药物抑制线虫对葡萄糖的摄取，减少糖原量，减少ATP生成，妨碍虫体生长发育。左旋咪唑能选择性地抑制线虫虫体肌肉内的琥珀酸脱氢酶，影响虫体肌肉的无氧代谢，使虫体麻痹，随肠的蠕动而排出。喹啉类药物（氯喹等）是通过抑制滋养体分解血红蛋白，使疟原虫不能从分解的血红蛋白中获得足够的氨基酸，进而影响疟原虫蛋白质合成而发挥抗疟作用。③引起膜的改变，伊维菌素刺激虫体神经突触释放 γ-氨基丁酸和增加其与突触后膜受体结合，提高细胞膜对氯离子的通透性，造成神经肌肉间的神经传导阻滞，使虫体麻痹死亡。吡喹酮能促进虫体对钙的摄入，使其体内钙的平衡失调，影响肌细胞膜电位变化，使虫体挛缩；并损害虫体表膜，使其易于遭受宿主防卫机制的破坏。④抑制核酸合成。氯喹通过喹啉环与疟原虫 DNA 中的鸟嘌呤、胞嘧啶结合，插入 DNA 双股螺旋结构之间，从而抑制 DNA 的复制。还原的甲硝唑可引起易感细胞 DNA 丧失双螺旋结构，DNA 断裂，丧失其模板功能，阻止转录复制，导致细胞死亡。氨基喹啉类能明显抑制核酸前体物掺入疟原虫的 DNA 和 RNA。⑤干扰微管的功能。苯并咪唑类药物的作用机制是选择性地使线虫的体被和脑细胞中的微管消失，抑制虫体对葡萄糖的摄取；

减少糖原量，减少 ATP 生成，阻碍虫体生长发育。⑥干扰虫体内离子的平衡或转运。聚醚类抗球虫药与钠、钾、钙等金属阳离子形成亲脂化合物后，能自由穿过细胞膜，使子孢子和裂殖子中的阳离子大量蓄积，导致水分过多地进入细胞，使细胞膨胀变形，细胞膜破裂，引起虫体死亡。

许多寄生虫对氧化应激的易感性是近年来的新发现。氧化还原系统在寄生虫的存活中起重要作用，寄生原生动物不仅要消除其内源性有毒代谢产物，而且还要应对宿主免疫系统的氧化（或呼吸）爆发，当内源性抗氧化剂无法处理过量的活性氧（ROS，包括内源性和外源性）时，导致氧化应激的发生。疟原虫谷胱甘肽（GSH）含量的升高导致对氯喹的抗性增强，恶性疟原虫硫氧还蛋白还原酶（PfTrxR）也可能是一种很有前途的抗疟药物靶标，抑制 PfTrxR 可能会影响寄生虫的几个易受攻击的点，导致氧化应激增强，DNA 合成无效，细胞分裂受阻，以及干扰氧化还原调节过程。血红素是血红蛋白的降解产物，对寄生虫具有极强的毒性，释放的游离血红素可以通过 ROS 的产生对寄生虫造成严重的毒性。喹啉类、唑类、异腈类及其衍生物通过与血红素结合而起到抑制疟原虫色素形成的作用，通过抑制疟原虫色素的形成可能由于游离血红素的积累而在恶性疟原虫中产生氧化应激，从而导致寄生虫死亡。许多化合物通过在寄生虫中自我产生 ROS 来杀死疟原虫。通过谷胱甘肽还原酶催化氟哌啶酮的活化，并释放出氟化氢，形成醌甲基化物基团，这一亲核攻击导致自由基的产生，从而导致氧化应激和寄生虫死亡。芳香硝基化合物（$ArNO_2$）通过在锥虫原生动物中产生 ROS 显示出抗锥虫活性。因此，产生活性氧或抑制内源性抗氧化酶是开发抗寄生虫药物的一种新的治疗方法。

（六）群体药动学

大量临床实践表明，在一个患病动物群体内，药物动力学参数存在很大的变异性，很容易出现药物治疗有效率低或毒副反应等现象，这些变异可能与遗传、环境、生理、实验条件等有关。群体药动学（population pharm acokinetics，PPK）即是将经典药动学与统计学原理相结合，使用零散的血药浓度测定结果，估算群体参数值，结合 Bayes 反馈法，较准确地估算出个体参数，优化给药方案，指导临床用药。PPK 是药动学的群体研究方法，与经典的药动学方法相比，可以分析稀疏的药物浓度数据。自 1977 年 Sheiner 等正式提出非线性混合效应模型（nonlinear mixed effect model，NONMEM）以来，群体药物动力学的研究取得了长足进步。NONMEM 模型将经典的药物动力学模型与群体统计学模型结合起来，对固定效应和随机效应统一考察，利用扩展的非线性最小二乘法原理一步估算出各种群体药动学参数。目前，NONMEM 法已应用于治疗药物监测（TDM）中优化个体给药，以及新药临床药理中的药物评价、药物相互作用研究、生物利用度研究、群体药动学群体药效学研究等许多方面。

1. PPK 的优点

PPK 研究可以将固定效应对基础药动学参数的影响模型化，可发现新的定量关系；可估算出个体间变异，对于 TDM 给药方案的设计与优化有较大的参考价值；可估算包括剂量增加的低限、产品的变异（包括产品之间的生物利用度的差异）、测定方法的变异等；新药开发和 TDM 中的离散数据及不同样本中的不同时间的取样数据等传统方法不能处理的数据都能用 NONMEM 模型处理得到有关群体的 PPK 参数。NONMEM 模型较复杂，但具有以下几个优点：①可充分利用 TDM 中的零散数据，取样点少。②可定量考察患病动物生理、病理因素对药动学参数的影响，以及随机效应的影响。③可考察特殊群体的零散数据，为个体化给药打基础。④为新药的质量评价和临床试验提供全面的参考。

2. 群体药动学在兽医临床及药物研发方面的应用

在兽医领域开展 PPK 研究起步较晚，尚未成熟。在 1997 年召开的欧洲兽医药理学和毒理学国际会议上，美国学者 Martin-Jimenes 等第一次报道了庆大霉素在马的 PPK 研究。随着科技发展以及各学科的相互渗透，PPK 研究在兽医上应用主要将聚焦于以下 3 个方向。

（1）优化个体给药

在兽医临床上，动物在不同生长时期、生理条件及生产阶段，存在药动学参数变异性。所以群体中药动学和药效学的变异性对设计个体化给药方案来说是至关重要的。当一种药物的个体间处置变异很大时，其血药浓度与剂量间的相关性差。故用一系列病理生理变量解释这些变异，使用临床数据可以设计出合理的给药方案，大大减小了残差变异性。

（2）预测组织残留

目前对残留研究最大的限制因素是，单一个体缺乏足够的组织样品（除非在活体采集组织）和不可能从单一个体获得其组织内药物消除的动力学特征，因为每头（只）动物只有在某一个时间点内利用某一个组织样品。PPK 研究则可通过选择恰当的多室模型或混合生理模型进行分析，确定病理生理或生产管理变化情况下血液和组织药物浓度的关系。用个体大量的血样来补偿组织样品的不足，将各种试验（药效、安全、残留）收集的血药数据集成单一模型，预测在各种生产条件（体重、饲养等）发生变化的情况下的可食性组织残留。

（3）新兽药的研发

人类医学中已提倡在药物开发过程中使用群体研究方法评价药动学、药效学变异性及剂量-浓度-效应关系，并已用药动学-药效学联合模型进行优化三期临床试验。在新药的临床试验中，需要采集与利用稀疏数据，研究受试群体的PPK 特征，及早发现危险群体，及时调整给药方案，进一步提高临床试验的安全性。某些病理生理状态常可改变药物剂量与血药浓度的关系。在新药大规模上市前，人们希望尽可能多地了解病理生理状态对新药 PPK 特征的影响，从而控制风险。PPK 的重要任务之一就是要及时发现各种可测量的病理生理因素改变新药的 PPK 特征的规律及其定量关系。另外，PPK 也可用于新药上市后的治疗监测与临床评价。

PPK 是临床药理学研究的新方向，开展兽药 PPK 的研究可加快兽药研发、药政管理和临床用药科学化、规范化的进程，显著提高我国兽医临床合理用药水平。克服传统药动学研究方法的不足，使药动学研究不断完善和深入发展。对药物上市前给药方案的制定、药物上市后的监测与评价，以及预见可食性组织残留有重要意义。

（七）PK-PD

药动学（PK）和药效学（PD）是在体内同步进行的两个密切相关的过程，两者共同构成了药理学的基础，但在相当长的时间里我们把两者分割开来单独进行研究，使得 PK/PD 研究存在一定的局限性。随着 PK、PD 研究的不断深入，进而提出了 PK/PD 同步模型，把药动学和药效学数据结合起来，考察血药浓度-时间-效应数据，拟合出血药浓度及其效应的经时曲线过程，有助于更为全面和准确地了解药物的效应随浓度及时间的变化而变化的规律，对抗菌药物的应用及降低耐药性的产生和传播具有重要的指导意义。在以往有关抗菌药物的 PK/PD 模型研究中，最常使用的药效学参数是药物对病原菌的 MIC 值（常用 MIC_{50} 或 MIC_{90}）。但应用 MIC 值作药效学评价指标时容易出现敏感菌被杀死但耐药菌被富集下来的风险，导致细菌出现不同程度的耐药性。而这种耐药性大都可在不同菌群间传播，对动物及人类的健康造成严重威胁。

1999 年 Zhao 等首先提出了防突变浓度（mutant preventionconcentration，MPC）和突变选择窗（mutant selection window，MSW）理论，当药物浓度在MIC 和 MPC 之间时，耐药突变菌株被选择性富集扩增。MIC 和 MPC 之间的这个浓度范围就是 MSW。在感染性疾病的治疗中，当药物浓度持续高于 MPC时，能够有效治愈，且不会产生耐药性；当药物浓度持续低于 MIC 时，无法治愈，但也不会产生耐药性；当药物浓度持续介于 MSW 之中时，虽能临床治愈，但一些耐药菌也会被富集下来，并极可能引发耐药性的传播。MPC、MSW 理论不关注具体的耐药机制，关注的是它们是否被选择性富集。因此，在 PK/PD 模型研究中如果以 MPC 和/或 MSW 代替 MIC 来进行给药方案优化的话，治疗效果将更符合临床要求。

综上所述，在兽医药理学领域，结合药动-药效同步模型和兽用抗菌药物的防突变浓度、突变选择窗，开展 PK-PD 参数与细菌防耐药突变相关性研究具有极其重要的意义。传统的 PK-PD 模式仅从浓度上反映抗菌活性，没有对浓度在突变选择窗内的时间加以限定。而 MSW 将药物浓度、作用时间和抗菌活性加以整合，直接预测病原菌-抗菌药引起细菌耐药突变体选择的发生，以指导制定最佳给药方案。随着 MPC 研究的深入，MSW 理论日益受到临床重视，许多研究者积极开展了动物体外、体内实验，深入验证 MSW 理论，并试图建立 PK-PD 参数与耐药的关系，以指导临床治疗。

二、兽用化学药物技术创新研究进展

1. 组学技术

（1）转录组技术

转录组是特定组织或细胞在某一发育阶段或功能状态下转录出来的所有 RNA 的总和，主要包括 mRNA 和非编码 RNA（ncRNA）。转录组研究是基因功能及结构研究的基础和出发点，了解转录组是解读基因组功能元件和揭示细胞及组织中分子组成所必需的，并且对理解机体发育和疾病发生具有重要作用。整个转录组分析的主要目标是：对所有的转录产物进行分类；确定基因的转录结构，如其起始位点，5′ 和 3′ 端序列，剪接模式和其他转录后修饰；并量化各转录本在发育过程中和不同条件下（如生理/病理）表达水平的变化；确定 RNA 水平调节机制。新一代 RNA 测序技术平台主要有 Roche 公司的 454 技术、Illumina 公司的 Solexa 技术、ABI 公司的 SOLiD 技术和 Helicos Biosciences 公司的单分子测序（SMS）技术等。

（2）蛋白质组学技术

蛋白质组学是研究细胞内全部蛋白质的存在与行为方式的一门学科，是后基因组研究中最主要的部分，是从整体上对体系内蛋白质进行研究。蛋白质组学以差异蛋白质组学研究为主，即以重要生命过程或动物重大疾病为对象，进行重要生理和病理体系以及药物治疗后体系或过程的蛋白质表达的比较，通过各种先进技术研究蛋白质之间的相互作用，绘制某个体系的蛋白质作用网络图谱，分析差异表达蛋白的结构功能和实际意义，阐明药物作用机制。

蛋白质组学分析与鉴定方法主要有：传统的考马斯亮蓝染色、银染、放射自显影、荧光染料技术；双向电泳及差异凝胶电泳技术；同位素标记亲和标签（ICAT）技术；高效液相色谱及多维液相色谱技术；表面增强激光解吸电离飞行时间质谱技术；蛋白质芯片技术；蛋白质阵列技术。蛋白质组学在药物研发领域有很大的应用前景，其不但能证实已有的药物靶点，进一步阐明药物作用的机制，还能发现新的药物作用位点，还可用来分析分子信号传播过程的应答和调节，也可应用于药物研究的其他过程，包括药物的毒理学机制、肿瘤、细菌耐药性以及兽药治疗等。

（3）代谢组学技术

代谢组学通过分析生物体液及组织中所有小分子物质以研究有机体内物质代谢规律和健康状况。代谢组学是新药研究开发的重要组成部分，包括药物体内作用物质基础、药效、多靶点机制研究等，也可用于疾病诊断、开发毒性预测模型，为药物毒性评价和毒性作用机制研究提供了新的技术手段。

代谢组学的研究过程一般包括代谢组数据采集、数据预处理、多变量数据分析、标记物识别和途径分析等步骤。代谢组数据的采集技术有核磁共振技术、气相色谱-质谱联用技术、液相色谱-质谱联用技术、超高效液相色谱-飞行时间质谱（UPLC-TOF/MS）技术、亲水作用色谱、毛细管色谱。代谢组学在药物研究中有很大的应用前景，新药创制中从代谢网络调控角度阐释药物作用的靶点和过程，揭示药物的作用机制；化学药物安全性评价的药物毒性作用机制和作用靶器官信息；药效评价的实验动物和模型筛选及验证；药物毒性评价的细胞和动物模型建立。

利用代谢组学技术进行兽用化学药物的安全性评价起步较晚，目前在药源性毒性的代谢组学研究中，尚且存在一些问题悬而未决：代谢产物、药物剂量与靶器官病理改变的量化关系尚未建立；需要建立已知毒性代谢产物的数据库，以便在对未知药物进行筛选时进行比较；需要将代谢产物变化和病理学、药物毒理学研究结合起来；需要对不同类型药物的毒性生物标志物、药物毒性与其他脏器疾病加以区分。当然，一些其他代谢组学共性技术也有待完善，如代谢轮廓分析中化合物提取与检测方法优化、代谢物鉴定及生物途径阐明、统计建模方法的优化、基线预测性生物标志物的可靠性研究、生物标志物的临床验证等关键问题。

2. 设计与筛选技术

21世纪以来，因为现代科学和计算机技术的运用，化学信息学和生物信息学的发展日渐成熟，再加上信息处理和转换的根本变革，分子生物学、细胞生物学、免疫学、遗传学、生物化学、药物化学、结构化学、药理化学、药理学的发展和交叉渗透，特别是与计算机科学的融合，产生了以计算机辅助设计为代表的多种药物设计筛选新技术。

（1）计算机辅助设计

计算机辅助药物设计用分子模拟软件分析受体大分子结合部位的结构性质，寻找和设计合理的药物分子，识别得到分子形状和理化性质与受体作用位点相匹配的分子，设计和优化并测试这些分子的生物活性，从而确定具有生物活性的目标化合物。经过多次循环，最终发现新的先导物。人类免疫缺陷病毒（HIV）蛋白水解酶抑制剂 Saquinavir，神经氨酸苷酶抑制剂 Relenza，碳酸酐酶抑制剂 Dorzolamid 等一大批先导化合物甚至上市药物都是计算机辅助药物设计成功的好例子。根据受体是否已知和活性数据是否定量，所有研究均可以归属于虚拟小分子生成、大分子结构预测、定量构效关系、药效团模型、分子对接、全新药物设计和动态模拟（分子动力学/随机动力学/蒙特卡洛）这七大研究方向。

（2）定量构动关系

定量构动关系研究是以分子描述符为基础，通过数学模式来探讨化合物的分子结构及性质与其在机体内的吸收、分布、代谢和排泄（ADME）等药动学参数之间的定量关系。其主要原理是利用化合物的理化性质和相关的体外试验数据，并根据生理学知识，结合数学模型模拟化合物在人体内的 ADME 过程。利用该原理，有学者以组蛋白脱乙酰基酶（HDACs）为靶标，开发潜在的抗癌和抗寄生虫药物。

（3）从头药物设计

从头药物设计是基于受体结构信息的药物分子设计方法，以受体的三维结构为研究基础，分析靶点分子的活性部位并构建与活性部位匹配的药物分子。构建药物分子的主要方法有模板定位法、原子生长法、分子碎片法等。根据疟原虫的 DHODH 酶和人源的 DHODH 酶在 X 射线晶体结构上存在细微的差异，疏水的辅酶 Q 通道的空间结构不同，利用从头设计软件 SPROUT 设计了具有物种选择性的针对辅酶 Q 通道的抑制剂模板，然后合成了 6 个新的化合物，药理筛选的结果显示了这些化合物对于酶的良好亲和力，为新型抗疟药的开发提供了良好的先导化合物。用此方法设计抗 HIV 药物并获得较好的效果。从头药物设计技术优点在于为新药研发提供全新思路，充分利用了已知化合物的结构信息，也在一定程度上避免了研发资源的浪费，加快了新药研发的速度。当然也存在一些问题，并非所有受体的三维结构均可通过 X 射线衍射进行测定，且蛋白质结构存在可变性。

（4）手性拆分技术

不同的立体异构体在体内的药效学、药代动力学和毒理学性质不同，并表现出不同的治疗作用与不良反应，研究与开发手性药物是当今药物化学的发展趋势。一方面，随着合理药物设计思想的日益深入，化合物结构趋于复杂，手性药物出现的可能性越来越大；另一方面，用单一异构体代替临床应用的混旋体药物，实现手性转换，也是开发新药的途径之一。手性药物的制备技术由化学控制技术和生物控制技术两部分组成。手性药物的化学控制技术可分为普通化学合成、不对称合成和手性源合成 3 类；手性药物的生物控制技术包括天然物的提取分离技术和控制酶代谢技术。近年来，经典的结晶法拆分、动力学拆分和色谱分离法拆分均有新的进展，并且出现了膜拆分法、萃取拆分法等新技术。

（5）药物晶型技术

在新药研发生产过程中，药物自身的晶型类型极为关键，影响药物稳定性、质量可控性、临床疗效与安全性。在新药研发生产的过程中往往需重点关注药物的晶型类型，探究药物晶型多态性产生的机制，根据其各晶型类型的稳定性特征，采取必要的工艺技术，保障原料和制剂在生产与贮藏过程中晶型一致。当前多晶型药物的定量测定方法主要有 X 射线粉末衍射法、拉曼光谱法、中红外光谱法、近红外光谱法、差示扫描量热法等。多晶型药物的体内外评价技术可分为细胞模型技术、动物离体组织器官技术、动物在体组织器官模型技术、动物模型技术等。晶型研究的关键环节之一是在已有物质基础上获得新的晶型，通过成药性评价，发现新的优势药物晶型。无论是创新药还是仿制药研发，获得新晶型均是其重要的物质基础。

当前我国的药物晶型技术基于对药物三维状态的分子结构、分子排列规律、空间位阻、分子间作用力等参数进行分析和模拟，通过计算预测可能的未知新晶型空间结构排列方式，设计新的晶型状态，建立新晶型生成条件系统。

（6）高通量筛选技术

高通量筛选技术（HTS）大多是以光学检测为基础而建立的分子水平或细胞水平的分析检测方法，包括光吸收检测、荧光检测、化学发光检测等。高通量筛选分析通常在 96 孔板上进行，采用自动化技术对流体进行分配并对微孔板进行处理，化合物、药物活性的检测在微孔板中进行，这种分析模式至今仍被广泛采用，但许多研究机构已转向 384 孔板或孔数更高、体积更小的分析模式。国外许多制药公司已把高通量筛选作为发现先导化合物的主要手段。典型的高通量筛选模式为每次筛选 1 000 个化合物，而超高通量筛选可每天筛选超过 10 万个化合物。随着分析容量的增大，分析检测技术、液体处理及自动化，还有连续流动以及信息处理已成为高通量筛选发展的瓶颈。

（7）高内涵筛选

高内涵筛选（HCS）以多指标、多靶点为主要特点，随着单克隆抗体技术、细胞制备方法、荧光染料开发、仪器设备改进以及计算机发展日臻完善，应用领域日趋广泛。相对于 HTS 结果单一，HCS 是筛选结果多样化的一种筛选技术手段。HCS 模型主要建立在细胞水平，通过观察样品对固定或动态细胞的形态、生长、分化、迁移、凋亡、代谢及信号传导等多个功能的作用，涉及的靶点包括细胞的膜受体、胞内成分、细胞器等，从多个角度分析样品的作用，最终确定样品的活性和可能的毒性。该技术已经在抗疟药物的研发等领域取得了比较大的进展。HCS 技术在同一实验中可完成各种对于细胞生理现象本质的研究，大大提高了研究效率，降低了研究成本，避免了大量的重复劳动，同时获得了比之前技术多数倍甚至数百倍的海量数据，为各项研究提供了第一手实践材料。

（8）表面等离子体共振技术

表面等离子体共振（SPR）是在检测生物传感芯片上配体与分析物作用而发展起来的新技术。在该技术中，待测生物分子被固定在生物传感芯片上，另一种被测分子的溶液流过表面，若二者发生相互作用，会使芯片表面的折射率发生变化，从而导致共振角的改变。而通过检测该共振角的变化，可实时监测分子间相互作用的动力学信息。有学者利用该计算研究磷酸酪氨酸的蛋白结构域，从而为该蛋白抑制剂的设计提供了新的线索。虽然 SPR 筛选通量不及HTS 和 HCS，但其不需任何标记，能在更接近生理溶液的环境中直接研究靶标和分析物的相互作用，使之在药物研究中占据着重要的一席之地。随着商品化 SPR 生物传感器仪器技术的逐步成熟，仪器的管路系统、进样方式及检测速度等也发生了巨大变化，从最初的单点单通道分析到多通道阵列式分析，在分析通量和数据质量方面有了很大改进。

（9）微流控芯片技术

微流控芯片技术是将化学和生物等领域中所涉及的样品制备、反应、分离、检测，以及细胞培养、分选、裂解等基本操作单元集成，或基本集成到一块几平方厘米（甚至更小）的芯片上，由微通道形成网络，以可控流体贯穿整个系统，用以取代常规化学或生物实验室各种功能的一种技术平台。在微流控芯片上进行药物筛选，可大致分为分子水平、细胞水平和整体动物水平 3 大方面的药物筛选。微流控芯片系统的芯片制作、检测器研制、加样操作等相关技术已日趋成熟并规模化，其应用范围覆盖了医学、药学、生命科学、环境科学等诸多领域，在药物筛选方面也得到了非常广泛的应用。微流控芯片是最有可能满足高通量筛选要求的新兴技术平台之一。

3. 制备和质量控制技术

（1）药物原料的发酵生产工艺

兽用抗微生物药物中大部分由生物合成（微生物发酵）、半合成方式得到，其核心竞争力为发酵水平的高低和组分的控制水平，在部分产品发酵水平上，与国外先进水平相比还存在一定的差距（如多拉菌素国内发酵水平在 2 000U/mL 左右，而辉瑞公司在 4 000U/mL 左右；红霉素国内发酵水平在 8 000 ～ 10 000U/mL，而国外先进水平在 10 000～15 000U/mL），因此提高目标微生物次级代谢产物的生产水平和产品品质具有重要的现实意义。

主要途径：菌种的高通量筛选技术；基因工程改造菌种，提高表达产量；

发酵代谢调控/发酵条件的优化；新型分离纯化技术（溶媒萃取法、离子交换树脂法、膜萃取技术）。

（2）药物原料的化学合成工艺

药物原料的合成路线选择、工艺控制参数等制备工艺对最终合成药物的纯度、晶型、有关物质、溶剂残留等理化性质产生直接影响。化学原料药是制药工业污染最重的领域，治理的难度在于产品种类多、更新速度快、涉及的生产工序复杂；所用原材料繁杂，而且有相当一部分的原材料为有毒有害物质；工艺环节收率不高，一般只有 30％左右，有时甚至更低。因此，推行绿色生产工艺对提升产品质量、节能减排，减少治污压力具有重要意义。如近年来绿色酶法合成法替代化学合成法取得了长足进步，高效酶体系的构建以及酶固定化技术的不断发展不仅具有生产工艺简单、反应体系温和、生产周期短的优点，而且产品纯度高、杂质少，如生物法制备头孢氨苄、阿莫西林、7-氨基头孢烷酸（7-ACA）等头孢类药物及中间体方面已全面替代化学合成法，酶法在手性药物合成和拆分方面已有越来越多的应用案例。目前，生物转化已涉及羟基化、环氧化、脱氢、氢化等氧化还原反应，而且在水解、水合、酯化、酯转移、脱水、脱羧、酰化、胺化、异构化和芳构化等各类化学反应中的前景看好，但这些探索都集中在人用药物领域，兽用大宗原料药生产工艺的创新和应用研究需进一步加大投入力度。

（3）化学药物晶型测试与再评价

原料药晶型对于药物的生物利用度、生物活性以及制剂货架期等方面有直接影响。目前，兽用原料药研究方面对晶型研究不充分，质量标准也未明确规定药物晶型，需要进一步对药物多晶型现象进行研究，控制其无效晶型，应用其最有效晶型，保证药品质量。

增加药用晶型的特征指标，通过影响压力试验考察压力对晶型原料药的影响，并结合因素试验、加速试验、长期试验等数据，观察对晶型稳定性的影响，考察晶型转变的趋势、程度和条件，为制剂工艺、储存、包装、运输等提供参考，防止晶型转化影响制剂的临床使用效果。

4. 辅料研究

药物制剂是由药物活性成分（API）以及药用辅料共同组成并相互协同发挥药物作用的。辅料可以提高药物溶解性、稳定性、适口性及安全性、调控药物释放等，药物制剂学的发展离不开辅料的创新开发。兽用药物制剂由于给药对象的多样化，对辅料也有特殊要求，大部分使用的是人用药辅料，针对动物用药的特殊剂型，如饲料添加剂、乳房注入剂、浇泼剂、可溶性粉、滴剂等，也有相应特殊的辅料应用。

（1）常用辅料分类

按照制剂工艺的需要，辅料主要有以下几个功能。

①提高药物的溶解性。提高药物在水溶液中的溶解度，在药物新制剂研究中占有很大比例。兽药制剂可溶性粉、注射剂、消毒剂等研究中，通过提高药物在水中的溶解性，提高药物溶液的物理稳定性，增加药物在胃肠道的吸收。

②提高药物的动物顺应性。动物用药和人用药很大的一个差别在于，人可以主动用药，而动物基本上都是被动用药，一般常用的方法是添加于动物饲料或饮水中。由于动物大部分是通过味觉和嗅觉来判断食物，而药物大多数具有刺激性的味道，影响动物给药，因此在添加药物时要注意，一方面是掩盖药物气味和味道，另一方面就是添加诱食剂。

③控制药物的释放。由于动物给药的被动性，除了饲料添加药物和饮水给药外，注射剂、浇泼剂、乳房注入剂等也是常用的动物用药剂型，但是这些剂型对于给药人员的专业技术要求较高，因此需要大量的人力成本。因此，缓释、控释药物传递系统（DDS）成为兽药制剂开发的一个方向。一方面，维持较长时间的药物有效浓度，减少给药次数，降低人力成本；另一方面，消除药物的"突释"，平缓血药浓度，减小药物毒副作用。国外研究的口服长效制剂主要是用于驱除寄生虫的大丸剂，最早的是由辉瑞公司生产的瘤胃巨丸剂，是一种甲噻嘧啶胃内缓释丸。此类制剂多用于反刍动物，结合高分子材料和给药器械，使得药物长期滞留在瘤胃中，并缓慢释放，可以维持数月的药物有效浓度。在缓释制剂研究中，口服制剂有骨架型、缓释包衣型及缓释胶囊等，可应用的材料有羟丙基甲基纤维素（HPMC）、羟丙基纤维素（HPC）、甲基纤维素（MC）、羧甲基纤维素钠（CMC）等，也有用聚乙烯吡咯烷酮（PVP）与聚乙烯醇（PVA）联合，或 HPMC、PVP 与 PVA 联用，还可加蜡类溶蚀型轻质材料。包衣材料有纤维素衍生物、丙烯酸树脂等，德固赛公司 Eudragit 系列包衣材料提供了不同释放要求的包材混合产品。

长效注射剂也是近年来研究的热点，辉瑞硕腾注册进口的头孢噻呋晶体注射液，在猪体内可以保持 7～10d 的有效血药浓度。一方面，采用了头孢噻呋自由酸晶体，药物本身的溶出速率慢；另一方面，结合使用了可氧化的植物油，非共价键结合的方式延缓了药物的释放。长效注射剂使用的介质多为与体液不相溶的油脂类辅料，如大豆油、蓖麻油及橄榄油等，药物分散在介质中，随着介质的缓慢分散而缓慢释放。

其他长效制剂还有埋植剂，多用于激素类药物和驱虫药，其使用的载体材料分为生物可降解材料和不可降解材料。可降解材料有聚丙交酯和聚乙交酯，以及其共聚物，如聚氰基丙烯酸酯、聚酐、聚醚酯、聚酯酰胺等；不可降解材料包括硅橡胶、硅树脂、聚醚型聚氨酯、聚丙烯、聚乙烯等高分子材料。

（2）国内外药用辅料开发及应用现状

世界药用辅料随着高分子材料的发展，制剂工艺、设备不断改进，药用辅料也随之迅速发展，特别是发达国家研究和开发新辅料的专门机构应运而生，开发出具有各种不同性能的新型材料。国外药用辅料有聚乙二醇系列、聚羧乙烯系列、聚乙烯吡啶烷酮系列、聚氧乙烯烷基醚系列、聚丙烯酸树脂系列、聚丙交酯系列、聚氧乙烯烷酸酯系列等高分子聚合物辅料；黄原胶、环糊精、普鲁蓝等生物合成多糖类辅料；预胶化淀粉、羧甲基纤维素钠、羧甲基淀粉钠、纤维素系列等半合成辅料；海藻酸、红藻酸、卡拉胶等植物提取辅料；甲壳素、甲壳糖等动物提取辅料等。而各种高分子材料的规格应用分类更细，种类更多，如丙烯酸树脂有数十个不同规格型号的产品，聚乙二醇有 33 个不同规格的产品，可完全适应开发新剂型、新制剂的需要。辅料的研究主要内容包括：①研究新辅料的理化性质及其如何适用于制剂的开发和生产；②结合生产设备及制剂工艺研究辅料与药物的配伍特性，得到最佳辅料配方；③进行辅料间的配伍研究，结合生产实际，设计最佳复合辅料。发达国家药用辅料发展趋势是生产专业化、品种系列化、应用科学化，并通过跨国药品公司的新产品全方位地推广新型辅料。目前，国外已注册上市而国内尚未生产的药用材料逐步应用于中国医药企业的制剂，改善了目前国内辅料品种大量缺乏的局面，推动了国内制药工业进一步发展。

我国中药发展有悠久的历史，中药中传统的汤剂、酊剂、膏剂等，用水、酒、动物胶、蜂蜜、淀粉、醋、植物油、动物油为药剂辅料。由于中药的发展多由经验所得，君臣配伍、煎煮方式等都要考虑药物辅料在其中的重要作用。但是国内的药物辅料研究受成本的限制，存在质量差、性质不均一、规格少等缺点。药典中所收载的辅料品种少，辅料的发展离不开化学工业，高分子材料的合成、提纯和取代基的取代度等，都缺乏深入的研究。国内药企多参考国外的药物进行仿制，由于辅料品质的差异，往往与原研药有很大差异，而达不到相同的药效。国内的辅料研究起步晚，很多兽用新型制剂的研究，由于生产成本的问题而止步于研究阶段。针对动物用药的特殊性和差异性，如何将新辅料的应用研究与兽药实际生产紧密结合，为研制兽药制剂新剂型新品种服务，已成为兽药制剂开发研究的重要方向。

5. 新制剂与新技术

近年来，我国兽药产业得到快速发展，现有兽药剂型不再限于水针剂、针剂、颗粒剂、粉剂等。随着高新技术的发展，兽药研发创新能力愈渐增强，新药品种数量明显增多，且产品科技含量高，效果好，应用广，因此兽用药物新剂型研究越来越受到关注。剂型不仅可以改善药物的作用性质，还可以减小或消除药物的毒副反应，同时提高药物的作用效果。优势剂型可使药物避免性状改变，提高溶解度、增加稳定性、改善适口性。因此，选择适当剂型对药物的理化性质、质量、稳定性、疗效、生物利用度等都有重要作用。

（1）固体分散技术

固体分散技术是将固体药物分散在惰性固体载体中的技术，制成固体分散体，大大改善了难溶性药物的溶出。根据临床需要，固体分散体可进一步制成片剂、胶囊剂、粉剂、颗粒剂、微丸剂、栓剂、预混剂及注射剂等。

（2）微囊技术

微囊技术是一种利用天然的或合成的高分子成膜材料将固体或液体药物做囊心物包裹，形成直径 $1\sim500\mu m$ 的微小药库型胶囊的技术。制成的微囊可供散剂、胶囊剂、颗粒剂、片剂、丸剂等各种剂型制备基础材料。

（3）缓释、控释技术

缓释、控释制剂又称缓释、控释系统，是一种在预定时间内，将药物浓度长时间维持在有效浓度范围内的剂型。缓释、控释制剂的制备原理主要是基于溶出速率的减小和扩散速率的减慢，从而达到缓释和延长疗效的目的。常用高分子材料作为阻滞剂或缓释剂骨架或把药物固定起来，降低释放速率。剂型有植入剂、原位凝胶、包埋剂、缓释片剂等。

（4）纳米乳化技术

纳米技术是指在 $0.1\sim100nm$ 内对物质进行制备、研究和工业化的一门综合性技术体系。乳化技术是一种由油、水、表面活性剂和助表面活性剂 4 部分经一定方法得到胶体分散系统的技术。二者结合则可得到纳米乳制剂，常见的纳米乳制剂类型包括纳米脂质体、固体脂质纳米粒、聚合物胶束、纳米囊和纳米球等。

（5）复方制剂技术

将不同药理活性的两种或两种以上有效成分，制备成为一种复方药物制剂，可以扩大药物的适用范围、降低耐药性的产生、提高治疗效果，可以是注射剂、片剂和其他各种剂型，是药物制剂发展的方向之一。

三、兽用化学药物产品研发状况

1. 抗微生物药物

抗微生物药物也称抗感染药物，即杀灭或者抑制微生物生长或繁殖的药物，包括抗菌药物，抗病毒药物，抗滴虫原虫药物，抗支原体、衣原体、立克次体药物等。抗微生物药物在兽医临床上应用范围较广，比重最大，2016 年我国抗微生物药物产品市场规模为 96.67 亿元，占 89.17％；市场规模为 127.46 亿元，占 70.34％。

（1）国外抗微生物药物的研发状况

2009—2016 年，全球兽药市场销售额呈逐年上升趋势，复合增长率为 7.08%。其中，化学药物所占的份额最大（数据来源于中国兽药协会）。2016 年，化学药物销售额为 171 亿美元，占全球兽药市场总销售额的 57%。从使用动物的角度分析，全球兽药市场中宠物用兽药产品所占的份额较大。2016 年，宠物及其他兽药产品销售额为 108 亿美元，占全球兽药市场总销售额的 36%。

2011 年到 2018 年上半年，FDA 兽医临床上批准的原创药物一共有 156 个产品（数据来源于 FDA Green Book）。其中，宠物用药物有 60 个，占总量的 38.5%；牛羊用药有 39 个，占总量的 25%；猪用药有 27 个，占总量的 17.3%；禽用药有 30 种，占总量的 19.2%。2018 年，美国 FDA 共批准了 23 个动物用药。其中，11 个为抗微生物类药物，占总量的 47.8%；5 个抗寄生虫类药物，占总量的 21.7%。

2017 年，美国 FDA 共批准了 11 种食品动物用药。其中，7 种为饲料添加药，由以前的品种转化而来，并全部转为饲料添加药物，其余 4 种为治疗性药物。这其中抗微生物药物 9 种，见表 2-1。

表 2-1 2017 年 FDA 批准食品动物用药清单

药物名称	批准动物	批准用途	批准时间
氟苯尼考口服溶液	猪	传染性胸膜肺炎、巴氏杆菌病、沙门菌病、链球菌病	2016 年 12 月
氢溴酸常山酮＋林可霉素	肉鸡	预防球虫病和控制坏死性肠炎	2016 年 12 月
维吉尼亚霉素＋盐霉素钠	肉鸡	预防肉鸡坏死性肠炎和球虫病	2017 年 1 月
维吉尼亚霉素＋氨丙啉	肉鸡	预防肉鸡坏死性肠炎和球虫病	2017 年 1 月
维吉尼亚霉素＋拉沙洛西钠	肉鸡	预防肉鸡坏死性肠炎和球虫病	2017 年 1 月
地克珠利＋维吉尼亚霉素	肉鸡	预防肉鸡坏死性肠炎和球虫病	2017 年 1 月
醋酸群勃龙＋雌二醇埋植剂	肉牛	增重和提高饲料转化率	2017 年 2 月
氟尼辛透皮溶液	各种牛	控制牛呼吸道疾病伴发的发热和腐蹄病疼痛	2017 年 7 月
烯丙孕素溶液	猪	调节母猪同期发情	2017 年 7 月
阿维拉霉素＋甲基盐霉素＋尼卡巴嗪	肉鸡	预防肉鸡坏死性肠炎和球虫病	2017 年 11 月
阿维拉霉素＋甲基盐霉素	肉鸡	预防肉鸡坏死性肠炎和球虫病	2017 年 11 月

（2）国内新兽药研发状况

与国外制药公司相比，我国新兽药研发还有一定差距。2009—2016 年，我国新兽药证书核发共 184 项。其中，一类新兽药有 6 项，没有抗微生物药；二类新兽药有 50 种，其中抗微生物药物只涉及马波沙星、盐酸沃尼妙林。

（3）代表性产品

①头孢噻呋。头孢噻呋（ceftiofur hydrochloride）是第 1 个专用于动物的第 3 代头孢菌素类抗生素，对革兰氏阳性菌及革兰氏阴性菌均有超广谱强效抗菌作用。临床上主要有钠盐或盐酸盐形式。

头孢噻呋于 1984 年首先半合成，其后美国法玛西亚-普强公司将其做成钠盐的冻干粉及盐酸盐的混悬液（商品名为 Naxcel 或 Excenel），用于动物疾病的治疗。1988 年，FDA 批准了头孢噻呋钠用于治疗牛呼吸道细菌性疾病。此后，FDA 又陆续批准了头孢噻呋钠及盐酸头孢噻呋用于 1 日龄鸡、火鸡等。到目前为止，头孢噻呋钠盐和盐酸头孢噻呋已被美国、日本和欧洲一些国家正式批准用于治疗牛、羊、猪、禽等动物的细菌性疾病。

我国农业农村部共核发 6 个头孢噻呋制剂新兽药证书，主要集中在 2010—2015 年。目前，头孢噻呋原料及制剂的生产批准文号共核发 1 286 个，其中原料文号 10 个，头孢噻呋乳房注入剂的批准文号 2 个，其余 1 276 个为注射用盐酸头孢噻呋。

临床上，主要用于牛的溶血性巴氏杆菌、多杀性巴氏杆菌与昏睡嗜血杆菌引起的呼吸道病，对化脓棒状杆菌等呼吸道感染也有效，也可治疗坏死梭菌、产黑色拟杆菌引起的腐蹄病；用于猪的传染性胸膜肺炎放线杆菌、多杀性巴氏杆菌、猪霍乱沙门菌与猪链球菌引起的呼吸道病（猪细菌性肺炎）；用于马的兽疫链球菌引起的呼吸道感染，对巴氏杆菌、马链球菌、变形杆菌、摩拉菌等引起的呼吸道感染也有效；用于犬的大肠杆菌与奇异变形菌引起的泌尿道感染；对于 1 日龄雏鸡，可防治与雏鸡早期死亡有关的大肠杆菌病。

②替米考星。替米考星（tilmicosin）是 20 世纪80 年代由英国 Elanco 动物保健品公司开发成功的半合成大环内酯类畜禽专用抗生素，是顺反异构体的混合物。

替米考星主要通过抑制细菌的蛋白合成，起到杀菌作用。它与 32S 核糖体亚单位可逆性结合，影响核糖和蛋白体的位移过程，阻碍肽链增长。替米考星对所有的革兰氏阳性菌和部分革兰氏阴性菌、支原体、螺旋体等均有抑制作用。兽医临床上替米考星主要用于牛、羊、猪、鸡等动物由敏感菌引起的感染性疾病，特别是畜禽呼吸道感染，如猪的传染性胸膜肺炎、鸡的支原体病和动物巴氏杆菌病，同时对奶牛乳腺炎主要菌系作用显著。随着研究深入，人们发现，替米考星除了具有抑菌作用外，还可作为免疫介质调节动物体免疫功能，促进机体自身防御，这些独特机制也引起了广泛关注。

目前，我国农业农村部已批准某些兽药厂生产替米考星原料、预混剂、溶液剂和注射液，共核发新兽药证书 9 项，主要集中在 2014—2017 年。替米考星原料及制剂的生产批准文号共核发 2 582 个，其中原料文号 12 个，预混剂 1 635 个，注射液 390 个，溶液 453 个，可溶性粉 92 个。

2. 抗寄生虫药物

（1）常规制剂

常规制剂，如溶液剂（内服、外用）、乳膏剂等，无论口服还是注射，常需每天给药 1～2 次，且血液中药物的浓度起伏很大，有明显的"峰谷"现象。血液中药物浓度高时，可产生副作用甚至中毒；血液中药物浓度低时，疗效又不明显。尽管如此，在动物疾病治疗过程中，仍然主要使用针剂、片剂、散剂等常规制剂。

在治疗牛的各种线虫病时，多拉菌素、伊维菌素、莫西菌素、氯舒隆通常作为注射剂或浇泼剂进行给药，给药剂量分别为每千克体重 0.2mg 或者 0.5mg。左旋咪唑、阿苯达唑、氨丙啉等通常以片剂、颗粒剂或者丸剂口服给药，剂量为每千克体重 5～10mg。

依普菌素（Eprinomectin）为第二代大环内酯类体内外杀虫剂、浇淋剂，为 Merial 公司产品，1997 年首次在新西兰上市，商品名为 Ivomec Eprines，用于治疗肉牛、奶牛的寄生虫病。该品药效持续时间较同类的伊维菌素、莫西菌素、多拉菌素、阿巴菌素更持久。制剂为油性基质，雨天和晴天用药效果相似，且用药后肉和奶产品均无休药期。

三氯苯唑/伊维菌素（Triclabendazole/Ivermectin）为 Novartis 公司产品，灌服剂。2001 年在澳大利亚上市，商品名为 Fasimec，用于治疗牛的肝片吸虫病和控制对伊维菌素敏感的线虫，剂量为每千克体重三氯苯唑 12mg、伊维菌素 0.2mg。

利福西亚胺（Rifaximin），Fatro 公司产品，合成广谱抗菌药，乳房灌注剂。2001 年在澳大利亚上市，商品名 Fatroximin，用于干乳期奶牛。该品不易通过血乳屏障，保持局部较高浓度，是澳大利亚唯一的肉产品无休药期的干乳期乳房灌注剂。

（2）缓释、控释制剂

缓释、控释制剂也称缓控释给药系统，是近年来发展较快的新型给药系统。早在 20 世纪 40 年代青霉素油剂应用于临床后，长效制剂便开始引起医药界的注意。根据释药规律的不同，又分为缓释制剂和控释制剂。缓释制剂能按要求缓慢地非恒速释放药物，药物的释放速率受外界因素的影响；控释制剂释放药物是恒速或接近恒速的，血药浓度比缓释制剂更加平稳，药物的释放速率不受环境和酶等外界因素的影响。与普通制剂相比，两者有以下特点。①减少给药次数；②血药浓度平稳，避免"峰谷"现象，减小药物的毒副作用；③增加药物治疗的稳定性；④减少用药总剂量，用最小剂量达到最大药效。在动物药方面，国外 20 世纪 80 年代中期即有大量兽药缓释、控释药剂型研究和应用的报道。我国在兽药缓释、控释药剂型方面的研究起步较晚，1988 年华南农业大学研制了丙硫咪唑瘤胃控释剂，1992 年中国农业科学院上海家畜寄生虫病研究所等单位研制了阿维菌素和芬苯达唑控释制剂，从此拉开了牛羊等动物抗寄生虫缓释、控释制剂研究的序幕。目前在兽用缓释、控释药物剂型研究方面，给药途径以经口给药和注射给药为主，且多为抗寄生虫药和促生长剂。

在抗寄生虫方面，缓释与控释制剂应用得最为广泛。对于像羊这样疾病相对较少的家畜来说，体内外寄生虫病显得尤为突出。由于缓释、控释制剂具有用药量少、效果特别长的特点，特别适合用病程较长的疾病的防治。侯建民等研究了芬苯达唑控释丸对小尾寒羊线虫的临床驱虫效果，依次用芬苯达唑控释丸、0.2％伊维菌素、丙硫咪唑进行驱虫，结果表明，芬苯达唑对羊消化道线虫有更好的杀灭作用，而且有效期更长。石来凤等将阿维菌素复方缓释制剂用于防治绵羊寄生虫病，分别使用伊维菌素-丙硫咪唑复方片剂、伊维菌素-丙硫咪唑亚砜注射液和阿维菌素-丙硫咪唑亚砜复方长效油胶进行驱虫试验，其中阿维菌素-丙硫咪唑亚砜长效油胶药效可达 10d 左右，效果显著。胡夏田等进行了阿维菌素长效缓释油胶注射液防治绵羊疥癣病效果的试验，结果表明，在用药 105d 后，中、高剂量组有效率达 88％和 100％。张宇发等研制的贝尼尔缓释剂，系采用共沉淀法制备的 β-环糊精包含物，制成注射剂后分布均匀，流动性和稳定性均较好。通过对牛瑟氏泰勒虫病防治试验表明，这种缓释剂的释药时间比对照水剂延长 0.8～1.0 倍；预防试验 2 个月保护率可达 100％，染虫率仅为 0.10％～1.00％，而对照组（水剂）保护期仅为 20d；用本剂治疗早期病牛（10d 以内）治愈率可达 100％。每年在流行前对流行区内牛群注射贝尼尔缓释剂和倍硫磷，可使牛安全度过易感季节。

（3）靶向药物制剂

靶向药物制剂是将治疗药物通过载体作用特异性或非特异性地送达靶区浓集的一大类制剂，它是继缓释、控释制剂之后发展起来的又一新的方向。目前，已将脂质体、磁性微球和单克隆抗体作为载体来研究各类靶向制剂，但还没有可用的产品。陈丽凤等利用改良的冷冻融溶法制备出稳定性良好的碘醚柳胺脂质体，但未进一步考察其对牛羊肝片吸虫的防治效果。

（4）经皮给药制剂

经皮给药制剂是指在皮肤表面给药，应用物理或化学方法及手段，促进药物穿过皮肤，药物由皮下毛细血管吸收进入血液循环，并实现治疗或预防疾病的药物制剂。经皮给药制剂使药物以恒定的速度持续通过皮肤进入血液循环，可以达到类似静脉持续给药的效果。这一新剂型出现在 20 世纪 70 年代，自其面世以来就受到了世界医药工作者的广泛关注。到目前为止，全球有 56％的经皮给药制剂由美国研制开发，其次是欧洲和日本。美国 2001 年进行临床试验的 129 种药物中，有 51 种与经皮给药或皮肤有关；77 种处于临床前期研究的药物中，34％与经皮给药制剂有关，可见经皮给药制剂的开发是受到广泛重视的。

经皮给药制剂之所以能有如此快的发展速度，与其优点分不开：①避免了口服给药可能发生的肝首过效应和胃肠道的降解作用，提高了药物的疗效。②使用方便，可以随时给药或中断给药，对机体几乎无损伤，改善了用药的适应性。③维持稳定的血药浓度，避免了口服给药或注射给药等引起的血药浓度"峰谷"现象，减小药物的毒副作用。④具有长效作用，延长了药物的作用时间，大多数经皮给药制剂一次给药可连续释药数日，比很多缓释、控释制剂的有效作用时间都长。经皮给药制剂在人医领域取得了巨大发展，在动物医学领域也得到了重视，由于动物疾病自身的特点，经皮给药制剂在兽医临床上的应用主要是集中在传统药物新剂型的应用上，主要涉及抗菌、驱虫、补血、免疫接种、止痛等领域。

李巍等用体外累积透皮量测定法确定由适量的丙二醇、乙醇、氮酮、吐温 80、抗氧化剂和浓度为 0.5％的多拉菌素组成多拉菌素浇泼剂的最佳配方。应用不同剂量对绵羊进行驱虫试验，结果显示，0.5％多拉菌素浇泼剂按每千克体重 0.5mg 的剂量驱虫效果最佳，且对羊只无毒害作用，安全可靠，可在生产中推广使用。朱美乐等研制了伊维菌素透皮涂抹剂，来达到有效预防和控制牛、羊寄生虫病的效果。刘晓松等对几种杀虫剂进行经皮吸收剂型的研究，筛选出高效、低毒、稳定、经皮吸收效果好的最佳剂型，临床试验有效率达到 95％以上。

（5）脂质体制剂

脂质体指将药物包封于类脂质双分子层内形成的微型泡囊。1965 年，英国学者 Bangham 等发现，磷脂分散在水中时能形成类生物膜结构的脂质双分子层的微型泡囊，即脂质体。20 世纪 60 年代末，Rahaman 等首次将脂质体作为药物载体应用。近几年随着生物技术的发展，脂质体制备技术趋于完善，脂质体作用机制进一步阐明，其作为药物载体的研究越来越受到科研人员的重视。脂质体的结构类似细胞膜，具有亲油亲水性，适合作为药物或其他物质的载体。进入体内主要被网状内皮系统吞噬而激活机体的自身免疫功能，并改变被包封药物在体内的分布动力学特征，使药物主要在肝、脾、肺和骨髓等器官组织中蓄积，从而能提高药物的治疗指数，减少药物的治疗剂量和减小药物的毒副作用。因此，脂质体作为一种靶向给药新剂型，应用前景非常广阔。

在动物医学领域，脂质体多被应用于抗寄生虫等方面，在其他方面的研究也日渐增多。陈桂香等采用改良的冷冻融溶法制备氯氰碘柳胺脂质体，以每千克体重 2.5mg 的剂量皮下注射，对绵羊的肝片吸虫有完全的驱除作用。史万贵用贝尼尔脂质体单独注射，对羊泰勒虫病有很好的预防作用，保护期 37d，3 个月后的发病率为 7.39%，比对照组低 41.57 个百分点；贝尼尔脂质体与高效灭蜱药灭蜱灵（2-异丙氧基苯-N-甲基氨基甲酸和氯氰菊酯）配合应用，对羊泰勒虫病感染有更好的预防效果，预防保护期可达 61d，3 个月后的发病率为 2.19%，与对照组相比，差异更显著。陈丽凤等用豆磷脂替代卵磷脂制备了碘醚柳胺脂质体，分别按 0.15mg/kg、0.3mg/kg、0.6mg/kg（以体重计，下同）剂量给肝片吸虫病病羊皮下注射碘醚柳胺脂质体，3d 后剖杀，发现 0.3mg/kg 以上剂量组的病羊肝内的虫体全部崩解死亡。吡喹酮脂质体是一种脂质体缓释注射剂，在山羊日本血吸虫治疗试验中，静脉注射该制剂 2mg/kg 后，无不良反应，42d 后复查，转阴率为 90.00%，而对照注射液静注需达 20mg/kg，且出现了明显不良反应，42d 后复查转阴率为 60.00%。

（6）微囊化技术制剂

微囊化技术是指利用天然的或人工合成的高分子材料作为囊材，将固态或液态物质包裹制成半透性或封闭药库（微囊或微球）的技术。微囊的粒径为 $1\sim500\mu m$，通常为 $5\sim200\mu m$。微球是将药物溶解或分散在高分子材料基质中形成的球状微粒分散系统，常见的微球粒径多在 $1\sim40\mu m$。

药物微囊化之后有以下优点：①提高药物的稳定性，很多药物遇光、空气或接触胃液时容易降解，在微囊化之后能显著提高药物的稳定性。②有特殊气味的药物，可以通过微囊化技术掩盖药物的不良气味和口味，提高适口性。③使液态药物固态化。④很多有刺激性的药物，微囊化之后可以减少不良反应。⑤可使药物达到缓释长效的目的。⑥使药物浓集于靶部位，做成靶制剂。

朱延生等以明胶为载体材料，制备了一次性肌内注射伊维菌素明胶缓释微囊组合剂，通过转阴羊比例、虫卵转阴率、虫卵减少率验证对蒙古羊消化道线虫、绦虫驱虫效果，并对 600 只羊做了扩大试验，详细观察临床安全性。结果显示，高剂量组注射后的 $2\sim90$d，羊消化道线虫的 3 项指标（转阴羊比例、虫卵转阴率、虫卵减少率）均达 100%。对曲子宫绦虫、莫尼茨绦虫可保持 $30\sim70$d 内无虫体。叶明忠将芬苯达唑装于控释塑囊内，制成芬苯达唑控释塑囊瘤胃漂浮剂，经对线虫病羊为期 2 个月的防治试验表明，该制剂对捻转血矛线虫、精纹食道口线虫和乳突圆线虫的再感染有长期预防作用，而对五纹奥斯特线虫也有一定预防作用；但对捻转血矛线虫、环纹奥斯特线虫和乳突类圆线虫无明显驱虫作用。推测其控释速度还应调整，方可防止绵羊在被污染的草地上再感染羊线虫。

（7）中西药复方制剂

无论从药物的成分还是从治疗原则上看，西药与中药存在着很大区别，西药作为结构明确的化学合成药物，由单一的或有限的几个化合物单体组成，作用于体内特异的靶点，药效快而明显，但副作用较大，无法有效治疗慢性病。中药有着自己独特的理论体系和应用形式，运用整体观念与辨证论治的原则指导临床治疗，成分复杂的中药活性物质能作用于多个不同的靶点而产生协同、放大的作用。中药以整体的观念治疗病症，但是难以达到西药的速效、高效，对于病程短的疾病往往效果不佳。中西药复方制剂可以将西药的速效和中药的全面调理结合起来，取得协同效果。合理配伍的中西药复方制剂以其自身的优势将会成为继中药、西药、生物制品之后的又一药品大类。

3. 解热镇痛抗炎药

解热镇痛抗炎药是一类具有解热和减轻局部慢性钝痛作用的药物，其中大多数还具有抗炎、抗风湿作用。它们的共同作用机制是抑制环加氧酶，减少前列腺素（PG）的生物合成。由于其化学结构和抗炎机制与糖皮质激素甾体抗炎药不同，故称为非甾体类抗炎药。常用解热镇痛抗炎药按化学结构可分为水杨酸类、苯胺类、吡唑酮类及其他有机酸类等四类。按对环加氧酶的选择性，可分为非选择性环加氧酶抑制药和选择性诱导型环加氧酶抑制药。

（1）解热镇痛抗炎药的作用

各类药物均有镇痛作用，但抗炎作用强度各有不同，如乙酰水杨酸和吲哚美辛有较强的抗炎作用，苯胺类几乎无抗炎作用。

（2）解热镇痛抗炎药代表产品

①水杨酸类。包括乙酰水杨酸和水杨酸钠。乙酰水杨酸（acetylsalicylic acid，阿司匹林）是目前常用的解热镇痛药之一。水杨酸因其刺激性大，仅作外用。

②苯胺类。对乙酰氨基酚注射液（acetaminophen），又称扑热息痛（paracetamol），是非那西丁的活性代谢产物。不良反应较少。用于发热，也可用于缓解轻中度疼痛，如头痛、肌肉痛、关节痛，以及神经痛、痛经、癌性痛和手术后止痛等。本品对各种剧痛及内脏平滑肌绞痛无效。

③吡唑酮类。

·氨基比林　内服吸收迅速，即时产生镇痛作用。半衰期为1~4h。其解热镇痛作用强而持久，为安替比林的3~4倍，也强于非那西丁和扑热息痛。与巴比妥类作用能增强其镇痛作用。本品还有抗风湿和消炎作用，对急性风湿性关节炎的疗效与水杨酸类相仿。广泛用作动物的解热镇痛和抗风湿药，治疗肌肉痛、关节痛和神经痛。也用于马、骡疝痛，但疗效欠佳。本品是多种复方制剂的组成部分。

·安乃近注射液　作用迅速，药效可持续3~4h，在解热镇痛时，对胃肠运动无明显影响。解热作用较显著，镇痛作用也较强，并有一定的消炎、抗风湿作用。临床上常用于解热、镇痛、抗风湿。也常用于肠痉挛及肠臌气等症。曾发现其注射剂（含苯甲醇）可在个别动物中引起严重的不良反应，如虚脱、过敏性休克乃至死亡。

·安痛定注射液　用于动物的解热镇痛和抗风湿，治疗肌肉痛、关节痛和神经痛等。

④其他抗炎有机酸类。

·萘普生　对前列腺合成酶的抑制作用为阿司匹林的 20 倍。抗炎作用明显，也有镇痛、解热作用。马内服的生物利用度为 50%，半衰期约 4h。药效反应可能在用药后 5～7d。本药在肝中代谢，用药 48h 后可在尿中检出。马可耐受 3 倍的治疗量。犬内服吸收迅速，生物利用度为 68%～100%，在血中与蛋白结合，半衰期长达 74h。用于解除肌炎及软组织炎症的疼痛及跛行、关节炎。

·酮洛芬　对前列腺素的抑制作用与阿司匹林相仿，具有镇痛、消炎及解热作用，对术后疼痛，比喷他佐辛和哌替啶有效。内服易吸收，在血中与蛋白结合较多（98%）。在肝内代谢成无治疗性产物后与葡萄糖醛酸结合，较快地从尿中排出。

·布洛芬　内服易吸收，显效较萘普生、酮洛芬快，半衰期比后两种药物短。犬内服达峰时间为 0.5～3h，生物利用度为 60%～80%，消除半衰期 4.6h。具有较好的解热、镇痛、抗休克作用。镇痛作用不如阿司匹林，但毒副作用比后者少。主要用于犬的肌肉骨骼系统功能障碍。

·吲哚美辛　抗炎作用比保泰松、氢化可的松强，合并应用可减少后者用量及副作用。解热作用为氨基比林的 10 倍，但镇痛作用弱，只对炎性疼痛有明显的镇痛作用。单胃动物内服后胃肠吸收迅速而完全。血药峰时 1.5～2h，血浆蛋白结合率达 90%。在肝与葡萄糖醛酸结合，由肾排出，也有部分随胆汁进入肠道重吸收，其余由粪排出。用于术后外伤、关节炎、腱鞘炎、肌肉损伤等炎性疼痛。

·美洛昔康　具有消炎、止痛和退热的作用，可用于奶牛乳腺炎，动物围手术期及临床手术等引起的急性、慢性疼痛和炎症。美洛昔康选择性抑制环氧合酶 2（COX-2）比选择性抑制 COX-1 的作用强，对炎症部位的前列腺素生物合成的抑制作用强于对胃黏膜或肾的前列腺素生物合成的抑制作用。临床研究表明，使用美洛昔康推荐剂量，胃肠道不良反应包括穿孔、溃疡或出血的发生率要比使用其他的非甾体抗炎药（NSAID）标准剂量时低。

·维他昔布　中国自主研制成功的选择性抑制 COX-2 的一类新兽药，2016 年获得新兽药证书，用于治疗犬围手术期及临床手术等引起的急性、慢性疼痛和炎症。

（3）前景

在未来的抗炎镇痛药物研究中，COX-2 选择性抑制剂及复方抗炎镇痛药物为研究重点。

4. 消毒剂

（1）国内外兽用消毒剂研发概况

①国内兽用消毒剂研究概况。随着我国畜牧业快速发展，集约化养殖程度越来越高，伴随着流通领域的加速发展，动物传染性疾病的传播速度不断加快，给畜牧业带来巨大损失。切断病原微生物的传播途径是预防控制传染性疾病的重要手段，因此彻底、规范地消毒是一种最高效、最便捷的动物疫病防控途径。

科学规范的消毒离不开高效、广谱、安全、环保且价廉的兽用消毒剂研制及先进的消毒技术。近年来，我国兽用消毒剂的行业规模逐渐扩大，根据2014 年中国兽药协会统计数据，兽用化药制剂销售额 169.96 亿元，其中消毒剂销售额 8.9 亿元，占化药制剂市场份额的 5.24%。截至 2011 年，全国通过GMP 认证的近 1 750 家兽药企业中，有 800 家以上的企业建有消毒剂生产车间。然而，专业从事兽用消毒剂的生产企业仅有数十家。2014 年，全国固体消毒剂生产能力为 13.97 万 t，产量为 4.26 万 t，产能利用率 30.49%；液体消毒剂生产能力为 7.26 亿 L，产量为 1.03 亿 L，产能利用率为 14.19%。

自 2013 年以来，国内共注册新兽药 294 个，其中消毒剂仅有复合亚氯酸钠粉、葡萄糖酸氯己定碘溶液、聚维酮碘口服液、重组溶葡萄球菌酶阴道泡腾片、戊二醛苯扎溴铵溶液、香连溶液、过硫酸氢钾复合盐泡腾片、枸橼酸碘溶液。2014 年以来，注册进口新兽药 278 个，其中消毒剂仅有戊二醛癸甲溴铵溶液、枸橼酸苹果酸粉、复方甲醛溶液、过硫酸氢钾复合物粉、复方戊二醛溶液、葡萄糖酸氯己定溶液、碘甘油混合溶液、碘混合溶液、复方季铵盐戊二醛溶液、戊二醛溶液、中性电解氧化水、碘酸混合溶液（1.5%、3%）和复方酚溶液。由此可见，我国的兽用消毒剂种类较少、剂型单一、专业性弱、研发进展缓慢，与发展日益迅速的养殖业相比，目前的新型兽用消毒剂尚不能满足我国畜牧业需求。

②国外兽用消毒剂研究概况。目前，发达国家的消毒剂研发水平领先于我国。主要表现为研发理念创新、制剂技术先进、产品质量稳定、配方技术领先等几个方面。美国、加拿大及欧洲各国分别采用不同的研发模式，以研发公司为主体，主要开发环境消毒剂、带体（畜禽及宠物）消毒剂和杀虫灭鼠剂，已有多种新型化合物和新的消毒剂剂型上市，专业性强，品质稳定，消毒效果确实。

近年来，欧盟仅新型消毒剂已批准 28 个，包含新型化合物、新的剂型和新的复方，如五水合硫酸铜、5-氯-2-（4-氯苯氧基）苯酚、异丙醇、聚乙烯吡咯烷酮碘、聚六亚甲基双胍盐酸盐、氯甲酚、解淀粉芽孢杆菌 ISB06 菌株、银铜沸石、四氯化氧配合物（TCDO，酸化生成二氧化氯）和磷酸氢锆钠等。正在审批的新型兽用消毒剂有 68 个，主要为新合成的化合物及新的化学反应产物，如 6-（邻苯二甲酰氨基）过氧己酸、1，2-苯并噻唑-3-（2H）-酮、溴化钠和次氯酸钙生成的活性溴、电解法制取亚氯酸钠二氧化氯、双（过氧化单硫酸氢钠）二（硫酸）五钾、溴诺醇、烷基二甲基（乙基苄基）氯化铵、二癸基二甲基氯化铵、过氧辛酸、邻苯二甲酸单加氧镁等化学物质。

（2）兽用消毒剂研发进展

兽用消毒剂主要分为化学消毒剂、生物消毒剂、复方消毒剂等。其中，化学消毒剂在畜禽养殖业应用最为广泛，复方消毒剂近年来在兽医临床及公共卫生中也得到广泛应用，生物消毒剂和中药消毒剂在畜禽养殖业已有小范围应用，是目前研究的方向之一。

①化学消毒剂。化学消毒剂种类繁多，剂型多样，是目前研究开发最为成功的消毒剂。主要分为：卤素类（氯制剂、碘制剂、溴制剂）、醛类、醇类、酚类、氧化物类、酸碱类、表面活性剂类和金属类。

②生物消毒剂。化学消毒剂适用范围广、杀菌消毒效果好，但存在污染环境、有害人体健康等缺点。环保、绿色的新型消毒剂以及消毒剂的协同或复配技术成为近些年消毒剂领域的研究热点。生物消毒剂是指用于杀灭或消除病原微生物的，天然或应用基因工程方法获得的生物酶、多肽及植物活性成分，可快速去除脓血、油污等污垢，同时具有消毒功效，生物降解性好，不会造成任何环境污染，是消毒剂一个新的发展方向。主要包括生物酶消毒剂、噬菌体消毒剂和抗菌肽消毒剂。

目前，已有少数产品在畜禽养殖上应用，如重组溶葡萄球菌酶和溶菌酶，国内正在研制的有以乳酸链球菌素（nisin）为主要成分的复合型奶牛乳头清洗消毒剂。国外批准的生物消毒剂有 Batsinil K（用深度培养枯草芽孢杆菌的孢子形成细菌的方法得到的液体益生菌制剂，包括细胞、孢子及其代谢产物）、Enatin（用深层培养短小芽孢杆菌的方法制得的制剂，包含细菌的孢子、细胞和抗微生物代谢物）及解淀粉芽孢杆菌 ISB06 菌株。

③复方消毒剂。由于不同种类的化学消毒剂都存在其缺点，有的刺激性大，有的毒性大，有的对环境污染严重，有的杀菌效果易受温度、有机物、pH 等因素影响，制约了其在畜禽养殖业消毒中的应用，目前国内外对复方消毒剂研究较多，一些复方消毒剂在畜禽养殖业消毒方面应用也比较广泛，复方消毒剂已成为目前新型消毒剂开发的重要方向。复方消毒剂显示了比单方消毒剂作用广、效果好、安全性好等优势，既达到良好的消毒效果，又克服单一消

毒剂的毒副作用，在畜禽养殖业的应用将越来越广泛。

④中药消毒剂。随着中药科技的发展与进步，中药制剂也逐渐应用到畜禽养殖过程中。相比于化学消毒剂，中药消毒剂不但消毒效果理想，而且对畜禽刺激性小、安全系数高，消毒后气味芳香，兼具环境消毒和清新空气的作用。近年来，关于应用于环境消毒的、多种剂型的中药消毒剂的研究报告越来越多。开发利用我国宝贵的中药资源研制新型消毒剂，部分取代高毒、高刺激性、高腐蚀性化学消毒剂，是消毒剂行业的发展趋势之一。

目前，用于环境消毒的中药主要有苍术、连翘、金银花、藿香、艾叶、鱼腥草、黄芩、薄荷、板蓝根等，常用单方或者多味中药的提取混合物，制成溶液剂、烟熏剂、膏剂或片剂，常采用药液熏蒸法、中药烟熏法、中药液喷雾法、中药空气消毒片等对畜禽舍、空气或畜禽体进行消毒。这类产品对畜禽体的亲和力好、无刺激性、稳定性好等，具有很大的开发潜力，但其杀菌活性较许多化学消毒剂差。也有中药与化药进行复配的制剂正在研究中，如 10% 苯扎溴铵＋ 10% 大蒜油复方微乳等。我国近年来新批准的重要消毒剂有香连溶液和普济消毒散，还有多种中药消毒剂正在研究中，主要为不同成分的新型中药复方消毒剂。国外对中药作为消毒剂使用的研究很少，尚无中药消毒剂产品的批准。

生物消毒剂和中药消毒剂受到抗菌效果及价格等方面的限制，目前其应用尚不能完全取代化学消毒剂，但添加生物消毒剂或中药消毒剂可减少化学消毒剂的用量，从而使安全性提高，是目前兽医消毒技术的一个重要特点。

⑤其他类消毒剂。其他类消毒剂包括球虫消毒剂及水产消毒剂等。

（3）兽用消毒剂的发展趋势和研发方向

在目前集约化程度越来越高的趋势下，养殖场疾病越来越复杂，动物疫病防治问题十分突出。规模化养殖场疫病的发生往往是多因素综合作用的结果，其中最主要的是由外界环境中病原微生物的侵入及扩散或场内动物本身病原微生物污染扩散造成的。有效的消毒是减少养殖场环境中的病原体、切断疫病传播途径、预防和控制养殖场传染病的重要措施之一。未来的兽用消毒剂研发方向主要从以下几个方面展开。

①复方制剂。新型高效复合型消毒剂将成为未来研究的趋势，应加快研究兽用消毒剂复配技术，克服单一消毒剂抗菌谱窄、污染环境、易受其他因素影响的弊端，提高单一消毒剂的开发效率，为疾病防控提供更多优质消毒产品。

②畜禽专用消毒剂。随着畜禽养殖业的规模化发展，行业方向更加细化，现代畜牧业对专业性强的消毒剂产品需求日益增加。水产养殖消毒剂、奶牛乳头专用消毒剂、宠物手术（器械）专用消毒剂、球虫卵消杀剂、种蛋专用消毒剂、SPF 动物屏障设施专用消毒剂、疫苗专用灭活剂、水线清除专用消毒剂等

更具有针对性的专业实用型消毒剂的研发将是未来的方向。

③新的剂型。现有剂型的改变是适应不同环境需求的重要措施，是提高化合物利用效率的最有效途径。如将传统的消毒液制成泡腾片、凝胶、烟熏剂、泡沫清洁型制剂、缓控释制剂、气雾和喷雾剂等也是今后消毒剂研究领域的热点。

④生物消毒剂。生物消毒剂主要包括生物酶消毒剂、噬菌体消毒剂和抗菌肽消毒剂，具有环境友好、无刺激性等优点，是消毒剂一个新的发展方向。

⑤中药消毒剂。中药消毒剂已在畜牧业中应用，也有中西药复方制剂，这类消毒剂对畜体的亲和力好、无刺激性、稳定性好等，可用作带体消毒或者宠物专用消毒剂，具有一定的开发潜力，但其杀菌活性较许多化学消毒剂差，可作为化学消毒剂的补充产品进行开发。

⑥全新化合物。我国自主研发的兽用消毒剂较少，目前仍然是以仿制为主。随着我国加入 WTO，国际化的商业竞争日益激烈，如果我国企业不自发研制新型消毒剂，国外的消毒剂将有可能充斥国内兽用消毒剂市场，不利于我国畜牧业发展。全新化合物的合成与开发将是我国在消毒剂研制领域超过发达国家的必经之路，也是未来兽用消毒剂研发的重要任务之一。

⑦配套消毒技术和设备。兽用消毒剂在不同场景下需要不同的技术和设备使消毒效果最佳化，还可最大限度保障人畜安全，是目前需要进行研究的课题。如结合物联网和智慧农业，开发可以自动化消毒的设备，可节约成本，提高经济效益，保障人身安全。

总之，养殖业的饲养环境日益复杂，对开发新型消毒剂提出了更高的要求。随着养殖水平的提高，消毒剂的用量会更大，未来消毒剂开发将以绿色环保、广谱高效、安全、价廉为目标，在短期内以开发具有高效、广谱、作用迅速、活性长效、性质稳定、便于储运、抗有机物干扰、高度安全、成本适中等的复方兽用消毒剂为主。在中长期研究中，以开发生物消毒剂或合成全新的化合物为主，寻找新型消毒剂。

新时期，兽用消毒剂在防控重大动物疫病、促进动物健康、保障畜产品质量安全和促进畜牧业持续健康发展方面具有不可替代的作用，应用新型高效环保消毒剂是现阶段防控动物疫病的重要技术手段和有效途径，因此新型兽用消毒剂的研制及消毒新技术的开发是当下亟须开展的重大兽医科技任务。

5. 宠物药物

随着社会经济的不断发展，人们豢养宠物的比例不断提高，这是社会发展的一种客观规律。有宠物就会有宠物疾病，有疾病就需要诊断、预防和治疗药物。由于宠物不作为食品动物，宠物药物不存在兽药残留及食品安全问题，因此一般将宠物药物与畜禽药物区分开来，作为单独的一部分。宠物药物与畜禽药物存在明显差异，与人使用的药物相似。根据临床应用不同，宠物药物也分为抗菌药物、抗寄生虫药物、非甾体抗炎药物、心血管疾病药物、激素类药物等。

目前，我国兽药种类比较齐全，品种结构基本合理，能够满足畜禽用药的需求。但是就宠物药而言，品种、数量相对较少，与宠物实际用药需求差距很大。据统计，2011 年以前，农业部批准的兽药中，宠物用化学药物只有 16 个；宠物用生物制品只有 8 个，化学药物作为宠物药物中的主要类别，占据了宠物药物的主导地位。2011—2018 年，国内注册并获得批准的宠物专用化学药物为 12 个，主要为抗寄生虫药物。2008 年，我国兽药销售额为 181.58 亿元，其中宠物和经济动物用药总销售额仅为 0.71 亿元，仅占兽药总销售额的 0.4%。根据 2006 年美国的兽药销售调查结果，在美国全年 55 亿美元的兽药销售额中，宠物药为 29 亿美元，占总销售额的 53%。按产品类别划分，销售额最大的是抗寄生虫药物，占总销售额的 27.5%；其次是生物制品，占总销售额的 22.6%；再次是其他药物，占总销售额的 18.5%；抗感染药物销售额占总销售额的 17.0%；销售额最少的是饲料药物添加剂，占总销售额的 14.3%。我国农业农村部已批准宠物用药见表 2-2。

表 2-2 农业农村部已批准宠物用药

序号	药品名称	序号	药品名称
1	二嗪农项圈	15	伊维菌素、双羟萘酸噻嘧啶咀嚼片
2	替泊沙林冻干片	16	非泼罗尼滴剂（犬用）
3	复方非泼罗尼滴剂（犬用）	17	维他昔布咀嚼片
4	盐酸大观霉素注射液（犬用）	18	奥美拉唑内服糊剂
5	复方非班太尔片（拜宠清）	19	盐酸贝那普利咀嚼片
6	塞拉菌素溶液	20	美洛昔康内服混悬剂
7	二氯苯醚菊酯、吡虫啉滴剂	21	美洛昔康片
8	复方克霉唑软膏	22	塞拉菌素滴剂
9	敌敌畏项圈	23	米尔贝肟吡喹酮片
10	盐酸诺氟沙星注射液（犬用）	24	米尔贝肟片
11	复方非泼罗尼滴剂（猫用）	25	复方达克罗宁滴耳液
12	非泼罗尼滴剂 10%（猫用）	26	伊曲康唑内服溶液
13	非泼罗尼喷剂	27	伊维菌素咀嚼片
14	恩诺沙星片（宠物用）	28	阿莫西林克拉维酸钾片

此外，农业部于 2017 年 4 月 1 日发布了第 2512 号公告，制定了《宠物用药说明书范本》，收载宠物用药 183 种，兽药企业可对收录品种进行申报，获

得批准文号后可依法生产。

美国 FDA 当前共批准可供犬使用的兽药产品 584 种；可用于猫的兽药产品 288 种；可用于马的兽药产品 36 种。欧洲药监局（EMA）批准的可用于犬的兽药产品有 91 种；可用于猫的兽药产品 51 种；可用于马的兽药产品 22 种。可以看出，美国和欧盟针对犬、猫、马等宠物批准了大量兽药产品，对保护宠物机体健康、保障公共卫生安全做出了重要贡献。以最常见的抗寄生虫药物伊维菌素为例，美国 FDA 批准的在犬上使用的产品有 12 个，在猫上使用的产品则有 18 个，包括单方和复方的产品。剂型方面有浇泼剂、咀嚼片、胶囊、注射剂、缓释剂等。

目前，国内主要宠物药剂型有片剂、注射剂、疫苗、散剂、擦剂、滴剂、软膏剂等。片剂为我国使用最为广泛的剂型，具有剂量准确、稳定性好等特点。市场上宠物药品片剂以抗菌消炎药和驱虫药，以及部分宠物保健药品为主。注射剂具有药效迅速、作用可靠、剂量准确的特点。某些口服不吸收的药物，以及不易口服给药的宠物，采用注射剂注射给药是有效的给药途径。目前，宠物药品中的注射剂多为普通液体制剂，主要用于治疗感染性疾病、皮肤病等。疫苗是预防和控制各种疾病的特殊生物制品，宠物疫苗目前以进口产品为主体，销量占总销售量的 30% 左右，销售额占总销售额的 70%。散剂、擦剂、滴剂及软膏剂则多用于宠物的皮肤病和被毛护理。

要改变当前宠物药严重不足的现状，国家、兽药研发机构、兽药生产企业及其相关单位应把现有兽药品种作为宠物药研发的重要资源，根据市场需求，有计划地开展非宠物用兽药的宠物用药试验研究，通过实现非宠物用兽药的宠物使用合法化，来不断丰富宠物药品种。针对当前宠物用药需求，积极开展市场调研，科学制定宠物专用药的研发方向。在宠物专用疫苗、诊断制剂、治疗用血清、精制蛋白以及生化制剂方面，要把宠物重大动物疫病和人兽共患病的防治作为研究重点；在宠物专用化学药物方面，要把宠物外用消毒剂、体表杀虫剂、抗寄生虫药、抗微生物药和非甾体抗炎药作为研发重点。从宠物用药实际出发，根据宠物用药特点，把配方的筛选、制剂工艺研究、药效评价方法及药动学研究和质量标准的制定作为研究重点。

随着疫苗的普及和诊疗水平的提高，以传染病为主的小动物疾病正在向预防传染病、定期驱虫、诊断和治疗普通病的方向转变。老年病、肿瘤、肺心病、皮肤病、眼病、代谢病、营养过剩、内分泌失调性疾病和神经系统疾病等，已成为目前小动物的主要临床疾病。研制防治这类疾病的宠物药将是我国研发趋势之一。以下几种药物新剂型有较好的发展前景：缓释、控释制剂，经皮给药制剂，脂质体制剂，微囊化技术制剂，中西药复方制剂。

第二节　中兽药创新科技发展动态

一、中兽药理论体系及基础研究的发展

我国中兽医学有着悠久的历史和光辉的成就。几千年来，在保障畜牧业发展和人类社会生产力方面做出了杰出贡献。近年，国家自然科学基金委员会拟将中兽医分为"中兽医学"和"中兽药学"两个二级学科。它经历了原始社会的起源、奴隶社会的初步发展，进一步在漫长的封建社会中形成了完整的理论体系，并从隋唐开始系统地传到国外，对有关国家兽医学的发展，曾产生过深远影响。

1. 理论体系历史沿革

（1）中兽医药的起源

我国中兽医与中兽药学的起源应追溯到人类开始对野生动物驯化并将其转变为家畜的时期，距今 7 000 多年。人类为保障畜牧生产，开始了与家畜疾病的斗争。原始社会的人们使用最早的治疗器具为火、石器和骨器等，这些成为温热疗法或针灸术及其他外治法的起源，也称为中兽医诊疗的萌芽。最早中兽药的出现是在"人畜共治"基础上发展而来，具体以人体用药发展在先，加以对动物的直接观察而发展起来的。我国最早的中兽药以植物为主，所以后世的有关著作以"本草"命名。

（2）中兽医药的初步发展

殷商时由于马已用于拉车和骑射，所以马病得到了重视。甲骨文出现了记载有人畜通用的病名，如体内寄生虫、齿病及胃肠病等。从西周到春秋，我国中兽医药有了进一步发展。据《周礼》记载，我国在西周时已设有专职兽医诊治"兽病"和"兽疡"，同时出现了中药灌服的治疗措施。除此之外，《周礼》《诗经》和《山海经》中均有人畜同用中药的记载，且中药总计 100 多种，同时还提出了"流赭以涂牛马无病"（流赭为中药代赭石）等。在《礼记》中还有"孟夏月也，……聚蓄百药"的记载，说明当时已有了夏令采药的知识。

（3）中兽医药的进一步发展

在漫长的封建社会，中兽医药通过不断总结最终形成了以整体观念和辨证施治为特点的学术体系和以针药疗法为主的丰富的病证防治技术。

先秦是中兽医药进一步奠定基础的重要阶段。其中，战国时期出现了专门诊治马病的"马医"，疾病种类还出现了"牛疡""马膝折"等记载。中兽医药

的基本理论原则导源专著《黄帝内经》和我国最早的人畜通用药学专著《神农本草经》也应运而生。另外，在汉简中已记载有中兽药方剂，并开始将药以丸剂剂型给马内服（见《居延汉简》《流沙坠简》《武威汉简》）。汉代名医张仲景著有《伤寒杂病论》等书，充实与发展了前人辨证施治的原则，一直为兽医临证所借鉴，不仅如此，在汉代已有了针药配合治疗兽病的记载。

魏晋南北朝时期，中兽医药形成了较完整的学术体系，并继续向前发展。晋代名医葛洪著有《肘后备急方》，其中有治六畜诸病方，对于马、驴的十几种病提出了疗法。北魏贾思勰所著《齐民要术》一书，其中有畜牧兽医专卷，对于家畜 26 种疾病提出了方药等 48 种疗法，包括用麦芽治消化不良、麻子治腹胀、榆白皮治咳嗽、芥子和巴豆合剂涂敷患部治跛行等。在公元 6 世纪时，《伯乐疗马经》出现。隋代中兽医药的分科已臻完善，关于家畜病症的诊治、方药及针灸均有了专著，如据《隋书·经籍志》的记载，当时已有《疗马方》《伯乐治马杂病经》等。唐代是中兽医学发展的第一个黄金时期，已有兽医教育的开端。其中，有李石编著的《司牧安骥集》，对于我国中兽医学的理论及诊疗技术有着比较全面系统的论述，成为我国最早的一部兽医教科书。此外，唐代的《新修本草》，收载药物 844 种，是我国最早出现的一部人畜通用的药典。至宋代出现了我国最早的兽医药房，如有"宋之群牧司有药蜜库……掌受糖蜜药物，以供马医之用"的记载（《文献通考》）。当时印刷术的改进和造纸业的发达，促进了中兽医药著作的传播。如《宋史·艺文志》中记载有《司牧安骥集方》《重集医马方》《医驼方》《段永走马备急方》等。现存有宋代王愈撰《蕃牧纂验方》，载方 57 个，并附针法。元代兽医卞宝著有《痊骥通玄论》，其中有"三十九论""四十六说"，对于脏腑病理及一些常见多发病的诊疗（尤其结症及跛行）进行了总结性论述，现存版本中还有"注解汤头"的收载，共载有 113 个兽医方和"用药须知"。

明代著名兽医喻本元、喻本亨等集前人和当时兽医理论和经验，编著有《元亨疗马集》，书中理法方药俱备，内容丰富多彩，是国内外流传最广的一部中兽医学代表著作。作为一部理、法、方、药、针灸俱全的传统兽医学代表作，《元亨疗马集》包括马经、牛经和驼经 3 部分。其内容广泛详尽，尤以马经为最。其学术思想体系和内容是以阴阳五行学说为指导思想，以脏腑经络学说理论为基础，八证辨证为纲要，外感内伤学说论其因，以望、闻、问、切为诊法而构成的。该书曾于清初选入四库全书之列，具有重要的史料价值和实用价值，明代以后的诸多有关兽医的专著均与此书有渊源。如清代《相牛心镜要览》《牛经切要》等都参考、摘录、引证了《元亨疗马集》的有关学术思想及其内容。此后，《类方马经》的出现，也有一定实际参考价值。我国明代医家李时珍编著了举世闻名的《本草纲目》一书，收载中药 1 892 种和方剂 11 096

个，其中包含有大量中兽医药知识。

（4）近代中兽医药发展

从鸦片战争开始，随着我国社会半殖民地半封建化，我国兽医学发展陷入了困境，但民间却对我国传统兽医技术有所整理和总结。如李南晖等编著的《活兽慈舟》一书，约在 1873 年经夏慈恕整理刊行，该书对黄牛、水牛、猪、马、羊、犬、猫等家畜的病证均有论述，收载方剂 700 多个。中华人民共和国成立至今，是中兽医学在隋唐时期之后的又一个发展鼎盛时期。1956 年 1 月《国务院关于加强民间兽医工作的指示》的颁布和农业部于 1956 年 9 月召开的"全国民间兽医座谈会"，是 20 世纪中兽医学发展的引擎，以致中兽医学在科研、教学、临床、学术组织、对外交流等各个方面取得了长足发展，尤其在当今，中兽医药以自然疗法防治动物疾病和提供绿色动物性食品为世界瞩目。

2. 中兽药成分及质量研究现状

多年来，中兽药的基础性研究工作一直未能得到应有的重视，体制、管理及资金投入的不合理，使得中药的基础研究长期处于滞后状态。中兽药成药从原材料到产品均无可控性的质量标准，加上中兽药传统理论有其独特的思维体系，现代科学技术手段目前尚不足以说明中药作用的本质、作用机理、中药药性理论等丰富的内涵。因此，其研究工作基础相当薄弱。然而，没有高水平的基础研究，就不可能有高水平的应用性研究，更不可能有重大创新和突破性进展。

国内中兽药基础性研究由于长期投入不足而发展缓慢。直至 21 世纪以来，国家对中兽药研究才逐渐有所重视，在"十一五""十二五"和"十三五"国家科技支撑计划中都对中兽药项目给予了支持；国家自然科学基金委员会、农业农村部及地方政府也立项支持了大批中兽药研究项目，使中兽药研究有了长足的进展，取得了一些较好的成果。中兽药基础学科体系也不断分化，正衍生出中兽药鉴定学、中兽药炮制学、中兽药化学、中兽药药理学、中兽药毒理学、中兽药制剂学等多个新兴学科。

在中兽药质量研究方面，开展了中药材道地性系统研究，就如何运用现代多学科的方法、手段来阐明道地药材的科学原理，探讨道地药材形成的自然规律，并在建立和发展道地药材生产的规范基地等方面开展研究。在对 200 种左右的中药材质量标准化研究方面，从品种、成分、药理、含量测定、质量标准等多方面进行了系统整理。由于过去中药饮片及炮制研究方面较为薄弱，人医曾在"八五"期间对部分中药的质控方法、标准和炮制规范进行了研究。

中兽药物质基础研究贯穿于中兽药现代化基础研究工作的全过程，也是中兽药实现现代化的关键所在。中兽药物质基础研究是在药理实验结果指导下，依靠各种化学研究手段来完成的。多年来围绕着中药药效物质基础在植物界的分布规律及中药-物质基础-药效的计算机处理分析方面进行了不懈的探索。从已研究的复方结果来看，中药复方的化学成分之间相互关系极为复杂，诸药在共煎煮时，发生的物理或化学反应，导致各单味药中的成分溶出量增减，甚至产生新物质，使全方产生增效、减毒或改性等药效作用。当前，单味药化学成分研究的深入及不少方剂的药理学研究结果，为复方化学成分研究提供了一定的基础条件。与此同时，对中兽医某些"证"，如血瘀证、气分证、脾虚证等现代兽医临床和实验研究也有较多进展，对其病理基础有了一定认识，"证"与中兽药药性、复方功能的相关性研究也取得一些进展，为深入探索中兽医复方用药的药效物质基础、作用特点、作用机理奠定了基础。

从研究思路上来说，中兽药化学研究有两条思路，一是从中药的传统功效出发，利用单一中兽药或对中兽药复方拆方提取有效成分，发现先导化合物，再进行结构修饰或简化等。二是在中兽药理论指导下，对中兽药复方的药物组合理论，即君臣佐使、整体观念、协同配合的物质基础等进行研究。我国中兽药化学成分研究的方法从凭借经验观察药材的外观形态、气味，进入利用萃取、超滤、液相色谱等来研究中兽药的物质基础。

中兽药的药理研究在中兽药基础性研究中一直受到高度重视，这其中又以对单味中药的研究居多。有效部位、有效单体正成为单味中药药理研究的主要对象。研究涉及的有效部位30多个、有效单体60多个。主要包括皂苷、多糖、总黄酮、生物碱等。以往对中兽药的研究以探讨药效学为主，目前已开始向作用机理、方剂组成、配伍规律等多方面发展。在药效的研究上，也由过去单一指标向多指标研究发展。新技术、新方法不断被采用。以往中兽药研究中，绝大部分以整体动物反应、最基本的药理实验方法和设备进行研究。近10年来，虽然仍以整体动物试验为主，但计算机自动控制、图像分析处理和多媒体等多种现代最新方法和技术开始在中药药理研究中应用，中兽药体外实验方法学的兴起也已引起国内中药药理学界的注意和重视。此外，还采用现代生物学技术来研究中药对动作电位、跨膜电位、离子通道、钙内流的作用。研究手段除利用整体反应、组织和细胞反应、生化测定外，一些先进的技术，如细胞因子、神经递质等生物活性物质测定及离子通道、基因、受体功能分析等手段均已进入中兽药药理学领域。最近才发展起来的基因探针、细胞重组技术等分子生物学技术用于中兽药对基因表达与调控影响的研究也已成为热点。中药药代动力学对于了解中药的作用机理、指导临床合理用药、优选用药方案、指导剂型改进和新药研究设计的重要性日益引起重视。当前，利用现代科技最新的发展技术，建立中药细胞与分子药理模型，以及能在活体细胞和分子水平上进行中药药理研究的新原理、新方法、新技术的探索已经起步。

尽管中兽药在国际上正逐步形成热点，且以日本为首的发达国家正加强中兽药的基础研究，但由于传统文化和认识上的差异，国外的研究思路方法仍未脱离化学合成药物的框架，对中兽药药性理论内涵的认识远不及我国的专家学者，加上许多国家对中兽药的基础性研究大都属民间机构活动，自然无法形成系统的研究体系。中兽药的基础性研究工作必然、也只能由中国人自己完成。

因此，中兽药材质量的可控性研究、中兽药药效物质基础的研究、中兽药药理研究动物模型及实验方法的建立、中兽药药效机理和物质基础间的相关性研究、方剂配伍理论的研究、中兽药作用机理的研究等是中兽药基础研究的重点领域。中兽药现代化已是历史发展的必然趋势，必须充分把握当前这一良好机遇，鼓励多单位交叉联合攻关，必能加快中兽药现代化的步伐，还将为祖国传统医学的振兴和畜牧业快速健康发展做出重要贡献。

3. 中兽药的基础研究趋向

近年来，中兽药临床应用领域在不断调整和改变，以迅速适应畜牧养殖业高速发展的需要。主要体现为由大家畜为主转向中、小畜禽（猪、羊、禽等）以及鸟兽鱼虫等特种经济动物，由个体治疗为主转向群体治疗以及集约化防治，由防治普通病为主转向既防治普通病又防治各种传染病和疑难杂症，由防治疾病为主转向既要防治疾病又要提高生产性能等。同时，随着畜禽养殖业发展，兽药的市场需求量不断加大，中兽药的发展前景将更为广阔。随着各种组学技术和思维的发展，在中兽药的研究模式上越来越强调中兽药研究应回归整体性，摒弃从中兽药中发现单一活性成分的、割裂的、解剖式的还原研究模式。

目前，国内外学者一直致力于阐明中兽药复方的作用机理和物质基础，但由于中药复方的博大精深和复杂性，迄今仍难以为其疗效提供科学依据。利用现代科学方法和先进的技术手段阐明中兽药复方治疗作用的物质基础和作用原理，不仅对阐明中兽药理论、将中兽药复方推向国际社会具有特别重要的意义，而且可以结合我国国情，发挥传统兽医药资源优势，为创新兽药开拓一条重要且有效的途径。随着国际天然药物市场的不断扩大，世界上接受中兽药的人越来越多，某些发达国家和一些发展中国家对植物药包括中兽药的需求日益增加，进一步推动了天然药物基础研究的开展。中兽药的疗效是以活性组分的化学成分为物质基础的。从单味药中提取的是活性组分，从复方中提取的是活性组分群。不管是哪一种，重要的是活性组分的提取与分离。兽药活性组分提取分离平台主要由 3 个系统构成：标准溶剂提取系统、大规模工业色谱分离系统及信息管理系统。中药活性组分的获取按照下列步骤进行：首先从中药材或饮片中提取不同极性或不同类别化学成分群标准提取物；然后将标准提取物精细分离得到所需标准组分，并建立标准组分库；最后以化学计量学方法对标准组分的化学和生物信息进行关联与分析，挖掘中兽药的内在科学规律。

中兽药复方是我国历代兽医长期临床实践中经验和智慧的结晶。与单纯对抗和补充的药物干预模式不同，中兽药复方是以中兽医理论为指导，在辨证的前提下，针对病机的关键环节，以中兽药药性理论为基础，遵循"君臣佐使"配伍，从而使群药形成"有制之师"，针对患病畜禽的证或病，达到整体综合调节的目的。中兽药复方由多种药味组成，化学成分十分复杂，要从理论上阐明药物在体内的吸收、分布、转运和排泄过程，解释方剂配伍的科学性和合理性，阐明复方的配伍规律及起药效的物质基础等，赋予传统兽医药以现代科学内涵是十分必要的，但是难度也很大。近年来，中兽药研究者采用先进的分析测试技术，以传统研究方法和现代研究方法相结合开展中兽药的基础研究。由于中兽药配伍组方的化学成分复杂，研究活性成分配伍难度较大。对中药有效组分配伍的化学研究应把配方作为一个整体，不仅需要寻找活性成分，更需要注重对其不同化学成分组合、量化和相互作用的研究，尤其应注重对综合效应的有效成分组群研究。活性筛选与分离紧密结合，采用多种活性筛选指标进行评估，以尽快追踪分离得到目标活性成分，避免使用单一的活性评估指标，否则很难综合地反映复方的药效；同时采取活性跟踪分离的方法，所要研究的对象应该是那些含有活性成分的中药。进而，根据临床疗效建立与某一病证相对应的药理模型，确定复方产生某种药理作用的有效部位或有效成分，并分析其剂量变化与药效关系，在一定程度上阐明复方组方规则及疗效机制。应用实验室建立的评价组分中药配比的新方法——综合权重法，根据病症治疗的实际情况，对相应的药效指标给予相应的效用权重；按照药效指标的强、中、弱给予指标权重，最后得到最优配比。

因此在中兽药的研究方面，应运用传统理论以及现代科技方法，多角度、全方位、实验与临床相结合、技术与研究模式创新并重，逐步开展对中兽药的四气、五味、升降浮沉、归经、配伍及禁忌等药性理论研究，揭示其内在规律和科学基础，构建现代中兽药药性理论体系，建立一套既符合传统中兽药理论，又与现代科学接轨的中兽药药性的评价模式和方法体系，使之能更好地指导临床用药。

二、中兽药技术创新研究进展

1. 药学研究技术进展

（1）兽用中药资源（饲用植物）技术研究进展（种植、栽培、标准）

我国现有的中药资源种类已达 12 807 种，其中药用植物 11 146 种，药用动物 1 581 种，药用矿物 80 种。仅对 320 种常用植物类药材的统计，总蕴藏量就达 850 万 t。全国药材种植面积超过 38 万 hm²，药材生产基地 600 多个，常年栽培的药材达 200 余种。野生变家种取得了积极成果，许多已成为主流商品。对珍稀濒危野生动植物品种开展了人工种植、养殖和人工替代品研究，对进口药材的引种也取得了可喜的成就，形成了一定的生产能力，药材进口的数量明显减少。云南西双版纳分布的植物锡生藤已合成新药"傣肌松"，与进口的"氯化箭毒碱"有相似的肌肉松弛作用。从进口药材的国产近缘植物中寻找代用品的实例还有很多，如以国产安息香代替进口安息香；以国产马钱子代替进口马钱子；以西藏胡黄连代替进口胡黄连；以白木香代替沉香等。应以有效成分为指标，从近缘科、属中扩大药源，这方面中国已做了大量比较系统和深入的研究工作，已进行研究的主要种类有小檗属、薯蓣属、鼠尾草属、葛属、黄连属、大黄属、甘草属、石蒜属、丹参属、金银花属、莨菪类、蒿类、柴胡属、淫羊藿属、苦参属等植物。

（2）配伍原则与成方研究进展

方剂是中兽医临床用药的主要形式，是辨证施治的重要环节。研究方剂的关键问题是配伍，揭示方剂配伍规律的科学内涵是中兽药现代化研究的重要组成部分。随着现代科学技术的高速发展，方剂配伍规律的研究步入了一个崭新阶段，尤其是药理学、数学、化学、分子生物学、计算机及芯片技术向方剂学领域的交互渗透，使其在研究方法上更加标准化、客观化，为方剂配伍规律赋予了更加科学的时代内涵，从而加快了中兽药现代化的进程。

方剂配伍规律研究应首先从传统文献整理开始，因为文献理论是其研究的"本底资料"及"顶层设计"的依据。没有传统的文献理论，一切都是无的放矢。"药有个性之特长，方有合群之妙用。"配伍是中兽医用药的特点。《素问·至真要大论》曰："主病之谓君，佐君之谓臣，应臣之谓使。"《素问·阴阳应象大论》曰："辛甘发散为阳，酸苦涌泄为阴。"这些均是早期经典的方剂配伍原则。配伍理论既包含方剂组成的"君臣佐使"，又涉及药物配伍的"七情合和"。方中各药既有相须、相使等七情关系产生协同或拮抗作用，同时又在方中处于君臣佐使不同地位，共同发挥治疗作用。其中，相须相使配伍可增强药效，相畏相杀配伍可制约毒性，相恶相反配伍可增毒减效。目前，对方剂配伍规律的现代研究以相须相使配伍最为多见。

（3）功效成分（组分）发现与成药性评价技术研究进展

最近几十年来人们对来源于中草药的活性成分的化学结构、作用机理及作用方式进行了深入研究，并以此为基础成功地合成了一些高效杀虫药，如拟除虫菊酯、氨基甲酸酯等，在有效防治害虫方面发挥了重要作用。进入 21 世纪，中草药有效成分的合成研究依然异常活跃，不仅新发现的天然产物类型引起了合成化学家和临床应用的众多关注，而且一些旧的天然产物分子也随着合成技术、合成思想的发展而再一次成为新的合成目标。从药物创新研究的总体趋势看，在 1981—2002 年全球上市的小分子药物中 6% 是直接来自天然产物，而有 55% 是受天然产物结构的启发而人工合成的。从中草药中发现具有生物活性的化学物质是开发抗寄生虫、抗病毒和某些抗菌药物的重要途径，特别是我国的传统中医药和民族民间医药经验中蕴藏着极为丰富的宝藏，为发掘新的抗病毒、抗寄生虫有效物质提供了临床应用的实践经验。比如，植物代谢产生的一些有毒的次生物质，如生物碱、糖苷类、酚类、萜烯类等，这类药物的药效发挥通常是以有效单体的形式存在的。国内兽药市场抗寄生虫、抗菌、抗病毒中兽药产品开发已成为热点。近年来，我国正在开发的抗寄生虫药物（槟榔碱、百部碱等）、抗病毒药物（金丝桃素等）均具有广阔的产业化前景。可以认为，中草药有效单体的研究是目前开展新的化学实体药物研究的重要途径，也是我国开展新兽药创新最有希望的突破点。

目前，中药有效成分的研究已有了较大进步，先进的方法和技术正在应用于中药的研究。如微波萃取技术、冷冻浓缩分离技术、大孔树脂吸附技术、半仿生法、超临界萃取等方法和技术已用于中草药及复方的提取；超滤法、分子蒸馏法（MD）、大孔树脂吸附技术等方法已用于中药有效成分的纯化；除了常用的光谱和色谱外，高效毛细管电泳（HPCE）分离技术、指纹图谱分析技术、现代电化学分析法、化学模式识别法、随机扩增 DNA 多态性（RAPD）技术等也逐渐应用于中药成分的鉴定和识别。

（4）提取工艺技术与装备研究进展

中药所含的化学成分十分复杂，如何将所需要的有效成分提取出来是中药研究的关键所在。传统的提取方法，如煎煮法、回流法、浸渍法等，尽管各有其优越性，但往往存在分离时间长、提取率低、操作烦琐等缺点。近年来发展起来的现代提取分离技术，如酶法提取、闪式提取、膜分离等，为实现快速、高效提取分离中药有效成分提供了新的途径。同时，针对新技术的各种设备也在不断开发完善中。这些新技术及其设备的应用为实现中药有效成分的高效提取分离创造了更好的条件。近年来，中药有效成分提取分离新技术及相应设备如下：

①超声提取技术。超声提取（ultrasonic extraction）技术是常用的现代中药有效成分提取方法。该技术运用超声的微扰效应，增大了溶剂进入提取物细胞的渗透性，加强了传质过程。

②超临界流体萃取技术。超临界流体萃取（supercritical fluid extraction，SFE）技术是近年来发展起来的一种新型分离技术。SFE 利用超临界流体所具

有的与液体溶剂相当的溶解能力和优良的传质性能，在高于临界温度和临界压力条件下与待分离的固体或液体混合物接触，萃取出所需要的物质。随后通过降压或升温或两者兼用的方法降低超临界流体的密度，从而降低其对被萃取物的溶解度，或用吸附的方法使两者得到分离。

③动态逆流提取技术。动态逆流提取（dynamic countercurrent extraction）技术是在动态提取的基础上根据现代提取技术和工艺设备的要求发展起来的一种中药提取新技术。它通过多个（或多段）提取单元之间物料和溶剂合理的浓度梯度排列及相应的流程配置结合物料的粒度、提取单元组数、提取温度和提取溶媒用量循环组合对物料进行提取。

④大孔树脂吸附技术。大孔吸附树脂（macro absorption resin）是一类具有大孔结构、吸附性能较好的有机高聚物，由聚合单体和交联剂、致孔剂、分散剂等添加剂经聚合反应制备而成，是吸附性和筛选性原理相结合的分离材料。大孔树脂吸附技术是采用特殊的吸附剂从中药或复方煎液中有选择地吸附其中的有效部分、除去无效部分的提取精制工艺。

⑤分子蒸馏技术。分子蒸馏（molecular distillation），又称短程蒸馏（short path distillation），是一种非平衡蒸馏，它依据不同物质分子运动平均自由程的差别，在高真空（压强一般小于5Pa）下实现物质间的分离。它能大大降低高沸点物料的分离成本，极好地保护热敏物料的品质，特别适用于高沸点、热敏性及易氧化物质的分离纯化。近年来，分子蒸馏技术已逐渐成为中药现代化生产的关键分离技术之一。

⑥高速逆流色谱技术。高速逆流色谱（high-speed counter current chromatography，HSC-CC）技术是一种不用任何固体载体或支撑体的液-液色谱技术。高速逆流分离基于流体动力学中的单向流动力学平衡现象，将螺旋管的方向性与高速行星式运动相结合，使互不混溶的两相溶剂在螺旋管中实现高效接触、混合、分配和传递，从而将具有不同分配比的样品组分分离出来。

⑦酶法提取技术。酶法提取（enzymatic extraction）技术是利用相关酶破坏植物细胞的细胞壁，从而使有效成分流出的一种提取方法。植物的细胞壁是由纤维素、半纤维素、果胶质构成的，在合适的酶作用下可发生降解，这时细胞壁的结构会遭到破坏。细胞壁、细胞间质等传质屏障对有效成分从胞内向提取介质扩散的传质阻力会减少，从而提高提取率。此外，植物中多含有脂溶性、难溶于水或不溶于水的成分，通过加入合适的酶，如葡萄糖苷酶或转糖苷酶，可使这些有效成分转移到水溶性苷糖中，从而提高提取率。

⑧膜分离技术。膜分离（membrane separation）技术是用天然或人工合成的高分子薄膜，借助外界能量或化学位差的推动，通过特定膜的渗透作用，实现对两组分或多组分混合的液体或气体进行分离、分级、提纯以及浓缩富集的方法。

⑨闪式提取技术。闪式提取（flash-type extraction）技术作为中药化学及相关学科中的一种提取方法，于 1993 年被首次提出，当时是利用日本冈山大学奥田拓男教授所赠送的日本三菱 JM-E31 型混合器完成的。该仪器只适用于对植物叶类、部分鲜果、鲜根及非韧性全草进行提取，并且多不耐有机溶剂。

⑩微波辅助萃取技术。微波辅助萃取（microwave assisted extraction，MAE）又称微波萃取，是微波和传统的溶剂提取法相结合而成的一种颇具发展潜力的新型萃取技术。微波提取的原理是高频电磁波到达物料的内部维管束和腺胞系统，细胞吸收微波能后内部温度迅速上升，使其细胞内部压力增加导致细胞破裂，细胞内有效成分自由流出，溶解到萃取介质中。

（5）辅料与剂型技术研究进展

药用辅料包括多种赋形剂与添加剂，是药物制剂的基础材料和重要的组成部分，在制剂成型的发展和生产中起着很重要的作用。它不仅赋予药物一定剂型用于临床，而且与提高药物的疗效、减小毒副作用有很大关系。此外，在常规剂型的处方设计和确定最佳处方，以及研制开发新剂型、新品种时，都离不开辅料的选择和应用。特别是近年来由于新剂型的研究推动了新辅料的开发，新辅料的应用又促进了新剂型的发展。药用辅料，广义上指的是能将药理活性物质制备成药物制剂的非药理活性组分。长期以来辅料都被视为惰性物质，随着人们对药物由剂型中释放、被吸收过程的深入了解，现在已普遍认识到：辅料有可能改变药物从制剂中释放的速度或稳定性，从而影响其生物利用度和质量。

辅料在药物剂型中起两方面的作用：一是药品必须通过辅料形成剂型后方能发挥疗效。古人早有明示："病势深也必用药剂以治之"，这是辅料对药物疗效的被动影响作用。二是受辅料制约的剂型因素可影响和改变药物的疗效，这是辅料对药物疗效的主动影响作用。药物制剂是由药物活性成分（active pharmaceutical ingredients，API）以及药用辅料共同组成并相互协同发挥药效的。在药物制剂研发过程中药物活性成分（API）是"主角"，药用辅料属于"配角"，但我国药物制剂往往忽略"配角"的作用，使得我国制药产业在国际上处于相对落后地位。要想改变这种重 API、轻辅料的不良局面，就必须重视发展辅料制剂创新"加速器"。《美国药典》（U. S. Pharmacopeia，简称 USP/NF）根据辅料的用途不同，将辅料分为润湿剂、渗透剂、助溶剂、助悬剂、填充剂、甜味剂、着色剂、发泡剂、芳香剂、防腐剂、稀释剂、增溶剂、增塑剂、增稠剂、吸附剂、基质、絮凝剂、缓冲剂、吸收剂、消泡剂、抛光剂、抛射剂、冷凝剂、空气置换剂等。药用辅料根据给药途径不同，主要分为口服用、黏膜用、注射用等。随着信息科学的发展和各学科之间不断地相互交叉渗透，大量新型辅料涌入了药学领域。用合理的方法选择辅料并研究活性药物与辅料之间的相互作用，在药学处方研究中是十分重要的环节，也是现代药学处方筛选的基础。这种相互作用可以通过处方设计改变药物理化、药理和药动学性质及行为，从而提高制剂的有效性和稳定性。

随着有机化学、高分子化学、物理化学等基础材料学科高速发展，新型辅料产品大量涌现，并占据了主导地位。中药制剂现代化研究在其影响下也取得了突飞猛进的发展。现代辅料已经大量应用在第二、三代中药制剂中，且对新辅料的接受和应用速度已逐步与国际同步。如低取代羟丙基纤维素及交联聚乙烯吡咯烷酮、交联羧甲基纤维素钠，上述 3 种"超级崩解剂"的诞生加速了中药分散片的研究。近年来，文献报道的中药分散片有感冒灵分散片、醒脑分散片、灯盏花素分散片等。近年来，研究最为火热的是以缓控释高分子材料和现代制剂技术结合制备固体缓控释中药新制剂，如大黄控释片、葛根素缓释片、总丹酚酸胃内滞留缓释片、葛根黄酮胶囊、左金缓释胶囊、青蒿素固体分散物、包衣麝香保心 pH 依赖型梯度释药微丸等。由此可知，新辅料的应用带动了中药新剂型的开发，使得传统的汤剂、丸剂、散剂、膏剂等古老剂型发展成为片剂、胶囊剂、注射剂、气雾剂等 40 多种常用新剂型。此外，现代药物制剂不断向剂量小、高效、速效、长效、毒副作用小的方向发展。新剂型对药用辅料提出了更高要求，因此，研究开发并筛选出适宜的辅料，在药物生产中具有重要意义。

（6）中兽药标准技术体系研究进展

药品标准是国家对药品的质量规格和检验方法所做的技术规定，具有权威性、科学性、进展性的特点。中兽药质量标准和质量控制经历了从无到有、从粗放到完善的发展过程。

《中华人民共和国药典》（以下简称《中国药典》）迄今已出版 10 部，《中华人民共和国兽药典》（以下简称《中国兽药典》）也出版了 5 部，均有专卷收载中药材与其制剂的质量标准及检验方法。2010 年首次编制的《兽药使用指南》（中药卷），改变了以往专业术语晦涩难懂而影响正确使用的状况，对弘扬我国传统兽医学、推动我国中兽药的产业化具有重要意义。

从历年版药典的质量标准收载情况可以看出，检测的内容、检测的方法都在不断发展与完善。就《中国兽药典》2020 年版（二部）来说，其体例更趋完善，收载品种更加丰富，标准表述更为规范，对安全性和质量可控性要求更高，逐步形成了方法科学、结构合理、技术先进、原则明确、内容规范的中兽药质量标准体系。虽然《中国兽药典》（二部）与《中国药典》（一部）收载的内容（生产工艺、功能与主治、鉴别、含量测定等项目）还是有差距，但是两者发展的趋势是一致的。

中兽药质量标准的发展经历了由宏观至微观、由形态至成分的不断深入的发展过程，发展至今天包括外观形态经验鉴别、显微鉴别、理化鉴别、薄层鉴别乃至和仪器分析等方法相结合的综合质量控制体系。

中兽药质量标准主要检测方法的演变：1978 年版的《兽药规范》收载显微鉴别、薄层层析法；1990 年版的收载薄层色谱（TLC）鉴别，用分光光度法进行含量测定；2000 年版的收载对照药材的 TLC 鉴别，用 TLC 和高效液相色谱（HPLC）进行含量测定；2005 年版的大幅度增加 TLC 鉴别方法；2010 年版的大幅度增加 HPLC 方法，增加了指纹图谱的测定。中药质量标准控制分析技术在经典分析技术的基础上发展新的技术，其必将克服传统方法的缺陷，成为集药学、植物学、分析化学、分子生物学、数学、物理、计算机、信息处理等多学科于一体的分析过程，趋于自动化分析的结果更具科学性。

现行的中兽药质量标准有待提高的方面：首先，单一指标成分或少数指标成分的含量测定。由于中兽药是多成分、多靶点、多环节在起作用，因此我们在制定标准时首先要解决的就是测定的成分或指标是否可以标识中兽药的存在问题，再来解决被检中兽药是否达标。科学的做法应是以有效成分作为中兽药制剂的质量监控标准，从质量标准直接反映临床疗效质量，标准与临床之间达到有机统一。其次，对照品缺乏检测，定性多，定量少，收载内容有限，收藏的品种有限。主要是中药材和中成药的质量标准，中药提取物的标准相对较少，少数地方标准收载中药饮片的炮制规范。对中兽药安全性的研究不够，近年来关注药效情况而忽视了药品毒理相关方面的检测，这使质量标准中与此相关的内容没能与其他项目达到同步规范。制定的标准中一些需要改善的试验装置，或是未提到的注意事项，甚至是有误的地方需要完善。未来的中兽药质量标准必须保证中兽药的有效性、安全性、稳定性和可控性。因为它是与临床疗效对应的、有药效组分标准物质的质量标准。

用基础与临床相结合的模式来制定中兽药质量标准，与中（兽）医临床用药密不可分。控制药物疗效是药物质量标准研究的核心，通过临床试验验证基础研究结果的可靠性，为最终指导临床合理用药提供依据。而改变中兽药用量也必须以科学依据特别是临床研究作为支撑。同时，参考国际通行标准，但不盲目仿照化药标准。中兽药要走出国门、走向世界，所制定的质量标准必然要与国际标准接轨。这就要求相关人员使用的检测手段与仪器要与时俱进，检测的项目全面，或具有代表性发行的质量标准条例书写要与国际统一。但是中兽药与西药相比有很多不同之处，不能完全用西药的质量标准来制定中兽药的质量标准。应该制定中兽药质量控制的策略，拥有自己独立的标准体系。量效关系研究不仅仅是要论证古方、验方的科学性和合理性，而且要站在现代与应用的角度上，探索方药安全有效的最佳"治疗窗"剂量，以指导临床合理用药。

用发展的眼光看问题，但不轻易背弃我国传统中医理论。依据传统中药理论与临床实践创立的中药药效组分理论在此有重要意义，而建立多组分的质量控制标准体系来标定中兽药是发展的必然趋势。

方剂在临床运用中是最多的，运用现代先进的技术方法深入研究方剂制剂质量标准，如将处方中各味药配伍后药效、毒性的改变建立方、药信息数据库以充实现有标准，是中成药质量控制研究的必要内容。而随着中兽药质量标准不断完善，中兽药的安全性检测将成为研究的又一个热点，这也是对使用者做出必要的安全的保障。随着广大药学工作者努力探索的脚步的前进和现代分析科学技术的发展，中兽药质量标准一定会逐步发展完善，达到符合中兽医药理论、具有中兽药特色、能够准确反映中兽药整体质量的要求。

2. 药效、药代、毒理研究技术进展

（1）药理学技术研究进展

中药复方的药理研究方法可分为整方研究与拆方研究两大类。主要是观察方剂配伍后药效变化及其作用机理。整方研究在揭示中药复方的组方规律时存在不足，而拆方研究则弥补了这一点。因此，在探讨方剂配伍规律时重点讨论拆方的规律性。拆方研究包括单味药研究、药对研究、药组研究、撤药研究、聚类研究、正交设计、正交 t 值法、均匀设计等方法，其各有特点与不足，皆是根据中药配伍关系或运用数学模式指导拆方，若两者有机结合并正确引入模糊数学方法和计算机技术则更为完善。目前只有部分复方的拆方研究较为深入，如补益、活血化瘀、清热解毒等复方。

中兽药药理学是中药药理学的一个分支，是以中兽医基本理论为指导，用药理学的方法研究中兽药与畜禽机体之间相互作用的一门科学。其研究内容主要包括两个方面，即药物代谢动力学和药效学。在古代本草中把药物统称为毒药，这是广义的毒性。现代医学认为，中兽药毒性是指药物对动物机体的损害性，包括急性、慢性和特殊毒性（致癌、突变、致畸胎等）；同时，还包括中兽药的副作用，即在药物常用剂量时出现与治疗需要无关的不适反应。中兽药是否安全、稳定、有效是药物研发成功与否的决定性因素。多种中兽药组成的制剂药物作用效果复杂，为合理开发和利用有毒中兽药、加快中兽药现代化和国际化进程，必须正确认识和积极面对中兽药本身存在的毒副作用，开展相关毒理作用研究。

目前药理学研究技术所用的方法主要分为 3 种：一是整体动物在药物毒理学中的应用。常用的动物有正常动物和转基因动物。根据不同的研究目的，应用特定的给药方案，测定动物的各项指标，判断药物对动物毒性作用。应用此种方法的缺点是试验周期长，所需动物量大，结果可靠性差，难以揭示药物作用位点及机制。二是体外代替技术，主要包括离体器官实验和体外细胞培养技

术。离体器官实验可排除其他组织器官的干扰，可控制受试物浓度，并可定量观察受试物对离体系统的毒性作用；而体外细胞培养技术直接用实验动物的含药血清培养细胞，观察中药的毒性效应，可从微观角度阐明毒理，脱离了整体稳态和内分泌的调控作用，得到的结果更加准确可靠。三是组学技术。目前，把对细胞内的 DNA、RNA、蛋白质、代谢中间产物的整体分析手段称作组学技术，主要包括基因组学、蛋白质组学和代谢组学等。常用的技术主要有分子生物色谱技术、单细胞凝胶电泳、穿梭质粒技术、差异显示技术、毒理芯片技术等组学技术。高效可靠的组学技术使人们能在分子和基因水平对药物的毒性进行探索，是非常重要的研究手段。

（2）安全性评价技术研究进展

中药的有害物质是影响其安全性的重要因素。有害物质包括内源性有害物质和外源性有害物质两大类。其中，内源性有害物质是指中药本身所含有的具有毒副作用的化学成分，而外源性有害物质主要包括残留的农药、重金属及有害元素。黄曲霉毒、二氧化硫等这些有害物质，主要来自药材种植采收、加工、储藏、运输等环节，以及饮片加工、炮制环节、中成药制剂生产过程中的污染，也与植物本身的遗传性和对某些有害物质的富集能力等有关。用成分分析等方法进行检测，对其制定限量标准以保证临床用药的安全有效。许多研究证实中草药确实有毒性，但经过加工、炮制可降低或减弱其毒性。就目前中草药添加剂的加工及检测技术尚难将这些有毒成分完全分离去除。

①新技术在中药安全性评价中的作用。传统的体内体外试验，主要以整体动物或应用体外培养低等生物及高等生物的组织、细胞、细胞器为模型，以细胞学、生理学、形态学和代谢等生物学指标为检测终点，对药物进行早期毒性筛选及机制研究。生物物种间生理代谢均存在差异，将试验结果在物种间外推，预测药物对机体的毒性反应是否可靠，仍是值得深究的问题。为了弥补传统毒理机制研究方法的不足，近年来国内外毒理学工作者正致力于一系列的组学技术研究。人们利用这些组学技术对候选新药进行毒理机制研究，从而开创了"反向毒理学"的药物毒性机制研究新模型。组学技术的发展实现了从器官、组织水平向分子甚至基因水平的飞跃。这使人们对基因和基因组的认识、对生命本质的认识取得了重要进展。

②基因组学。利用基因组学的相关信息，将遗传学与生物信息学相结合，从基因水平研究外源化合物的毒性作用，建立毒性作用与基因表达变化之间的关系，从而有效监测接触外源化合物后基因水平的改变，继而筛选和鉴别潜在的遗传毒物，并快速确定未知毒物的作用机制。毒物基因组学（toxicogenomics）将基因组学方法与技术应用于毒理学研究领域，主要采用 DNA 微阵列技术，研究毒物和毒作用机制，其快速发展为毒理学开辟了新的研究领域。基因组学

技术的发展对毒理学研究方法、技术的改进产生了巨大影响，但是基因组学理论尚不完善，存在着一些亟待解决的问题。例如，基因组学技术无统一的标准；基因表达的改变与疾病的关联问题模糊不清等。

③蛋白质组学。当从 mRNA 水平和对单个蛋白质进行的研究已无法满足后基因组时代的要求时，蛋白质组学（proteomics）应运而生。蛋白质组学是应用大规模蛋白质分离和识别技术研究蛋白质组的一门学科，是在蛋白质整体上对疾病机制、细胞模式、功能联系等方面进行探索的科学。蛋白质组学以直接参与生命活动的蛋白质为研究目标，界定表达蛋白质过程中涉及的影响因素，现已广泛融入环境科学、生态毒理学等众多领域。毒理蛋白质组学作为毒理基因组学的延伸，也已经应用到毒理学研究领域当中，是一种利用全蛋白质表达分析技术，确认生物物种受有害外源化学物影响的关键蛋白质和信号通路的组学技术。该技术通过比较特定细胞、组织或器官在毒物作用前后蛋白质谱发生的变化，在短时间内筛选出与毒物相关的差异蛋白，再通过抗体分析技术快速寻找新的毒性蛋白标志物，因此比传统毒理学研究方法更具灵敏性和特异性。

④代谢组学。代谢组学是应用现代分析方法，对某一生物或细胞在某一特定生理时期内所有低相对分子质量代谢产物同时进行定性和定量分析的一门学科，被认为是"组学"研究的终点，具有全面、高通量、无偏差地研究生物体内代谢途径的特点。随着基于核磁共振、质谱以及化学计量学软件的代谢组学分析技术平台的不断发展，代谢组学技术为中药毒性和安全性研究提供了崭新的、强有力的技术手段，并得到了广泛应用，如发现毒性物质、探讨毒性机制。采用代谢组学的方法研究各类中药毒性的分子机制、毒性剂量与时间效应的关系，为建立中药毒性评价新方法、新体系做出了重要贡献。利用组学技术可在相当短的时间提供比一般毒理试验更多的有用信息，并可以在很大限度上改善整体动物试验带来的动物消耗量大、费时、费力、种属差异大等缺点。我国学者利用组学技术开展毒副作用的环境应答、基因表达、功能和多态性的研究，在寻找环境暴露生物标志物方面取得了重大成果。

⑤数据挖掘在中药安全性评价中的应用。数据挖掘是一种借助计算机技术和信息技术的发现、推理和思维的过程，具有自动预测、现代中药类与概念描述、偏差检测等功能。通过这些功能，可实现将数据提升为有价值的知识，是分析大量非量化、非线性数据的有力工具。目前，数据挖掘已用于中药不良反应监测和中药安全性影响因素研究，主要包括药物因素、中药制剂、中药剂量与毒副作用、多因素关联等方面的研究。

三、饲用植物提取物添加剂产品技术发展现状

1. 饲用植物与提取物标准化体系

典型的饲用植物提取物添加剂主要由一种或多种来源的植物混合而成，其质量受到多方面的影响。目前有115种药用植物被收录于《饲料原料目录》。一方面，作为原料的植物，直接受到生长产地、气候、土壤、采收期和环境等的影响，活性成分在质量和浓度上有相当大的差异性；另一方面，受到提取和制造条件的影响，比如不同提取溶剂、溶剂与原料的比例、溶剂残留、重金属残留、农药残留、卫生条件等。饲用植物提取物即使是一个品种的提取物，也是许多化合物的复杂混合，它们中不止一种"活性成分"。因此，植物提取物的标准化成为中兽药现代化过程中必不可少的一个环节。另外，在我国，中医理论的依据是阴阳平衡、整体调理，中药理论讲究复方配伍、协调增效，因此国内的中草药添加剂多为复方制剂，导致饲用植物提取物标准化更是难上加难。

（1）药材质量标准化

原药材的质量直接决定着提取物的品质。道地药材理论是中药材质量控制的重要理论，中药材的标准化应以传统方法为基础，结合产地加工炮制甚至药效作用等进行综合评价和质量控制。按 GAP 要求种植药材是保证药材质量的重要手段，按照中药道地药材理论建立综合质量评价指标体系，严格遵守采收季节、采收加工、贮藏要求。

（2）生产工艺标准化

中药具有多组分、多途径、多靶点的特点，工艺及剂型研究过程中，应该坚持以疗效为导向，深入研究中药化学成分的提取分离和精制技术，绝不能以牺牲疗效为代价来换取剂型的进步。必须加强中药质量全程控制技术研究，严格按照要求进行生产，从原材料、生产工艺和条件、半成品、包装等全程标准化的角度来控制中药质量。

（3）质量控制标准化

中药的质量集中体现在疗效，控制质量是为了确保疗效，质量标准的建立是中药标准化的核心问题。对于成分复杂及药理作用多样的中药及制剂，仅对单一或少数指标成分进行定性定量分析，并不能有效控制产品质量。应在完善物理化学等现代检测手段评价技术的同时，创新理论与方法，建立符合中药特点的科学合理的质量标准评价体系。

目前，我国的植物提取物生产可以作为标准进行参考的主要是《中华人民共和国药典》《中华人民共和国兽药典》中的"植物油脂和提取物"部分。据

了解，目前绝大多数植物提取物在国内国外都缺乏通行的质量标准，如国家和行业标准，很多品种只能按照企业自己制定的标准生产，大多是以合同中的质量条款作为产品交付的依据，产品质量检测方法混乱。

我国的植物提取物标准已在积极制定过程中，国家相关部门给予了充分的重视，一直在考虑制订相应的法律政策，加大科研支持力度并参照国际标准，采用先进的检验、检测技术和方法，有针对性地对某些植物提取物品种建立完善、规范的行业质量标准体系，如科技部投入巨资实施"创新药物和中药现代化"专项，其中就包括针对植物提取物的"适合工业化生产的提取物质量标准研究"等。

国际上植物药工业较发达的国家，主要采用指纹图谱结合指标成分定量检测的方法来控制样品质量。通过指纹图谱的特征性，不仅可以鉴别样品的真伪，还可以通过对其主要特征峰的面积和比例的确定来有效控制样品的质量，保证样品质量相对稳定；对于功效成分的含量控制，一般采用紫外分光光度法或高效液相色谱法。

总之，植物提取物质量研究和技术标准的制定是一个持续的、需要不断完善的过程，在管、产、学各领域的积极配合下，植物提取物标准的制定必将有效推动我国植物提取物质量控制的标准化和规范化。

2. 饲用植物（提取物）功能定位与评价

饲用植物（提取物），作为抗生素添加剂的替代物之一，已越来越受到人们的重视，甚至被认为是最有希望取代抗生素的绿色饲料添加剂。这类添加剂的功能与作用视植物种类和成分的不同而异，主要包括：①提高机体免疫力，环境适应能力增强；②杀菌抑菌，控制或抵制病原体，包括抗微生物和抗真菌的活性；③抗氧化，控制代谢中自由基引起的自身氧化；④耐毒性，包括耐霉菌毒素和耐肝活动中产生的毒素；⑤助消化，包括激发内源酶的活性；⑥控制污染，防臭除臭，包括控制粪便气味和氨味，限制结合氮的活性等。有研究表明，在仔猪饲料中添加复合植物提取物，如蒲公英、板蓝根等提取物，大黄、连翘等提取物，或者白头翁、金银花等提取物，发现这些植物提取物与抗生素类药物预混剂一样，能提高仔猪生产性能。在仔猪生产中可以用此类复合植物提取物取代抗生素类预混剂。

不管是来源于单一植物还是多种植物，提取物的化学成分都非常复杂，但对不同的药理功效总有其特定的药效物质基础，研究这些物质基础是非常重要的。植物提取物的多成分决定了其作用的多系统、多靶点、多层次。饲用植物（提取物）可在以下几个方面发挥优势作用：

（1）增强机体免疫力

研究表明，存在于天然植物提取物中的免疫有效活性成分主要有多糖、皂苷、生物碱、精油和有机酸等。植物提取物的免疫调节作用是多方面的，其不仅与各种免疫细胞有关，还与细胞因子的产生和活性密切相关，同时天然植物饲料添加剂对免疫系统的影响往往受机体因素及用药剂量的影响，呈双向调节作用，这是植物提取物免疫机理的复杂之处。

（2）抗病原微生物作用

由细菌、病毒、真菌等病原微生物引起的动物疾病给畜禽养殖业造成很大的损失，抗生素被广泛应用于预防疾病和治疗由细菌引起的动物疾病。近年来，随着对畜产品中抗菌药物残留的关注，以及欧盟对抗生素作为饲料添加剂的禁用，植物提取物因其具有抗菌作用且不会造成菌株耐药性及畜产品中残留而受到越来越多的关注。植物提取物种类和成分的多样性决定了在其抗菌、抗病毒作用上也具有多样的机理。

（3）抗氧化作用

在有氧的生活环境下，动物体很容易受到自由氧、活性氧及各种有毒性的氧化物的影响，造成氧化应激。氧化应激对畜禽的影响很大，过多的氧化物质蓄积在体内不仅会使机体产生各种代谢疾病，还会导致脂质过氧化发生，而脂质过氧化又会使细胞及细胞器膜中的脂质受到损伤，导致细胞的功能和完整性受损，最终使畜禽的生产性能下降。植物源性抗氧化物质能够与细胞表面受体结合，通过信号传递，进而通过转录和蛋白质表达两个水平来提高抗氧化酶的分泌，增强机体抗氧化防御能力。

（4）促生长作用

植物提取物促生长机理可能包括以下几个方面：第一，改善饲料适口性来增加动物采食量。第二，植物提取物能够提高内源酶的分泌量和活性，改善肠道微生物菌群，提高饲料养分利用率。第三，影响营养物质吸收后在体内的转化利用，提高能量用于生长的转化。第四，调控与生长相关的激素分泌，促进动物生产性能的提高。

第三节　抗生素替代物发展动态

一、抗生素替代物研究进展

抗生素的应用对畜牧业发展做出了巨大贡献。饲用抗生素可抑制畜禽消化道内有害微生物的生长和繁殖，增强畜禽的抗病能力，防止疾病，提高动物生长性能。但是，抗生素引起的内源性感染、二重感染、细菌耐药性的产生、畜禽免疫力的下降和畜产品药物残留等问题，都给饲料工业、养殖业和人类健康带来了负面影响。1992 年瑞士就禁止使用饲用抗生素，欧盟 1999 年 1 月起通过立法禁止抗生素作促生长剂使用。自 2006 年 1 月 1 日起，欧盟成员全面停止使用所有抗生素生长促进剂。2012 年 4 月 11 日，美国 FDA 出台非强制性的措施，建议兽药生产商本着自愿原则停止使用抗生素。2013 年 12 月 11 日，FDA 出台药物使用监管指导。2015 年 6 月 2 日，FDA 颁布兽医饲料指令最终规则，加强监管抗生素的合理使用。2015 年 9 月 1 日中华人民共和国农业部公告第 2292 号文件，禁止 4 类抗生素（洛美沙星、培氟沙星、氧氟沙星、诺氟沙星）在食用动物中使用。近年来，全世界都在不遗余力地研究开发其替代产品。近年来，饲用抗生素替代品的研究主要有植物提取物（有效部位或单体）制剂、益生素（微生物制剂）、抗菌肽、中草药和酸化剂等。调整动物胃肠道平衡而达到促进生长、维持动物健康和提高经济效益及保护环境、人类安全的抗生素替代物成为研究热点。

1. 植物提取物（有效部位或单体）**制剂**

植物提取物是按照对产品最终用途的需要，利用物理化学手段进行提取、分离、提纯，在不改变其有效成分结构的情况下，定向浓集并获取植物中的某一种或多种有效成分而形成的化合物产品。通常植物提取物获得的有效成分为苷、酸、多酚、多糖、萜类、黄酮、生物碱等，具有抗菌、增强免疫力等功能。杜银峰等研究表明，茶树油提取物可显著提高十二指肠内胰蛋白酶活性，麝香草酚与香芹酚制剂对淀粉酶活性有显著的提高作用。茶树油提取物具有抗菌、抗病毒、抗炎和抗氧化等活性，对枯草芽孢杆菌、金黄色葡萄球菌、大肠杆菌、铜绿假单胞菌、白色念珠菌、黑曲霉菌等有显著的抗菌作用。茶树油通过破坏膜结构，释放胞内钾离子，抑制细胞呼吸作用，刺激细胞自我溶解，改变细胞形态学结构，进而杀死致病菌。李金宝等研究发现，杜仲叶提取物可显著提高断奶仔猪平均日增重并降低料重比，对仔猪平均日采食量无显著影响。Móricz 等用甲醇和乙酸乙酯从白屈菜的根、茎和叶提取出活性成分生物碱，发现其对枯草芽孢杆菌和大肠杆菌都有抑制作用。孙一丹发现带内生真菌和不带内生真菌的醉马草生物碱提取液对离孺孢等 8 种植物病原真菌的菌落生长和孢子萌发均有抑制作用。Fisher 等从香柠檬、柠檬和甜橙中提取得到芳樟醇和柠檬醛，并发现这 2 种活性物质对金黄色葡萄球菌、空肠弯曲菌、大肠杆菌、单增李斯特菌和蜡样芽孢杆菌都有一定的抑制作用。Vivke 等研究发现，从一种叫水翁的植物中提取的植物精油能抑制植物病原性菌株（黄单孢菌）。Desta 等研究发现，酸模属植物的花中富含黄酮类化合物，具有抑菌的生物学活性。

2. 酸化剂

酸化剂是一种无抗药性、无残留、无毒害的新型环保绿色饲料添加剂，通过降低日粮的系酸力、促进胃蛋白酶分泌、提高胃蛋白酶活力和调节肠道微生物区系等途径来提高饲料消化率。用作饲料酸化剂的物质有三类。①有机酸：柠檬酸、延胡索酸、乳酸、异位酸、乙酸、丙酸、甲酸等及其盐类，此外还有苹果酸、山梨酸和琥珀酸。有机酸具有良好的风味，能改善饲料的适口性，参与体内营养物质的代谢，因而被广泛应用，但成本较高。②无机酸化剂：强酸（如盐酸、硫酸）和弱酸（如磷酸），其酸性强、成本低，生产中也可添加。③复合酸化剂：是利用各种有机酸和无机酸按一定比例配合而成，具有良好的缓冲效果，迅速降低 pH，能降低料肉比，减少营养性腹泻。

侯永清等研究表明，在断奶仔猪饲粮中添加柠檬酸和磷酸，可有效降低断奶仔猪胃肠道 pH，增强胰蛋白酶及淀粉酶的活力，继而提高机体对营养物质的消化吸收能力。李鹏等研究表明，在仔猪日粮中添加酸化剂，可显著降低仔猪胃、十二指肠中食糜 pH，显著提高胃蛋白酶和胰蛋白酶活性。汪海峰等研究表明，复合酸化剂水溶液可抑制沙门菌、大肠杆菌和金黄色葡萄球菌的生长和增殖，并可在一定程度上改善仔猪的消化道微生物环境。Tsiloyiannis 等试验表明，酸化剂可弥补断奶仔猪胃酸分泌不足的缺点，显著降低仔猪腹泻发生概率。Walsh 等研究表明，添加不同比例的复合酸化剂能有效减少粪便中沙门菌的数量。Machado 等对肉鸡进行沙门菌的攻毒试验结果表明，饮水中添加有机酸能显著降低 22 日龄和 42 日龄肉鸡盲肠和嗉囊中沙门菌的感染率。Abdelfattah 等研究表明，在基础饲粮中分别添加乙酸、柠檬酸和乳酸 1.5％和 3.0％均能提高胰指数和小肠绒毛密度，促进饲料的消化吸收。Garcia 等试验结果表明，饲粮中添加甲酸能促进营养物质消化吸收，添加甲酸 5 000mg/kg、10 000mg/kg 能促进 49 日龄肉鸡肠道生长，且甲酸添加量为 10 000mg/kg 时对肉鸡肠道的作用最佳。Ross 在肉鸡日粮中添加酸化剂及抗生素，两组肉鸡 9 日龄、24 日龄、34 日龄血凝抑制结果无显著差异，表明酸化剂和维吉尼亚霉素在肉鸡体液免疫方面可达到同等效果。岳增华等研究表明，在 28 日龄断奶仔猪日粮中分别添加微胶囊型包被复合酸（0.2％）、复合酸（0.5％）、柠檬酸（1.2％），与对照组相比，酸化剂组均可显著提高仔猪的日增重和饲料转化率，降低仔猪的腹泻率，且以微胶囊型包被复合酸（0.2％）的效果最佳。

3. 微生态制剂

微生态制剂又称活菌制剂（主要是肠球菌、乳酸杆菌、双歧杆菌、芽孢杆菌、酵母菌等），是利用正常微生物或促进微生物生长的物质制成的活的微生物制剂。也就是说，一切能促进正常微生物群生长繁殖的及抑制致病菌生长繁殖的制剂都称为微生态制剂。微生物进入动物体内定殖于消化道，提高饲料消化率，增强动物免疫力，是一种无毒、无副作用、无残留的绿色饲料添加剂。益生素可在消化道内增殖，产生乳酸和乙酸，使消化道内 pH 下降，并产生溶菌酶、过氧化氢等代谢产物，抑制有害细菌在肠黏膜的附着与繁殖，平衡动物消化道内的微生物群。益生素与消化道菌群之间存在生存和繁殖的竞争，限制致病菌群的生存、繁殖以及在消化道内的定居和附着，协助机体消除毒素及代谢产物。益生素可刺激机体免疫系统，提高干扰素和巨噬细胞的活性，促进抗体的产生，提高免疫力和抗病能力。另外，许多益生素具有抑制消化道内氨及其他腐败物质生成的作用。益生素可产生各种消化酶，促进动物对营养物质的消化吸收。

根据物质组成，微生态制剂可分为益生菌、益生元、合生元 3 类。微生态制剂的应用研究已有 70 多年的历史，许多试验研究表明，微生态制剂能够提高动物生产性能，增强机体免疫功能，防治动物疾病，提高饲料转化率，改善动物产品品质，净化养殖环境等。

在生猪饲养过程中，王晓亮等将微生态制剂添加到育肥猪的饲料中，结果表明，试验组的日增重较对照组有很大提高，同时饲料的消化吸收率明显升高，栏舍内的环境也得到了显著改善。姜军坡等在育肥猪日粮中添加 0.1% 的枯草芽孢杆菌 Z-27 制剂后，试验组育肥猪肠道中消化酶活性和饲料的消化率相较于对照组显著提高。

王允超等在肉鸡饲喂过程中添加微生态制剂，可以有效降低料肉比，改善肉鸡的健康，促进高效的肉鸡养殖。胡顺珍等做过类似研究，他们发现通过添加特定的微生态制剂可以显著提高肉鸡在养殖过程中的日增重。吕远蓉等在基础日粮中添加 1.0g/kg 复合微生态制剂能显著改善应激肉鸡的生长性能和免疫功能，消除应激给肉鸡带来的不良反应。

4. 寡聚糖

寡聚糖是一种由 2～10 个相同或不同的单糖经脱水缩合，由糖苷键连接形成的具有直链或支链的有功能活性物质的低聚合糖类的总称。寡聚糖能够被大多数有益菌种选择性消化利用，被分解为丙酸和丁酸等短链脂肪酸，降低动物肠道内 pH，减少有害微生物的数量。此外，寡聚糖能够特异性结合到病原微生物的表面，抑制病原微生物与肠壁结合，使病原微生物无法获得养分，加速其排出的速度。甘露寡糖替代抗生素在海兰褐蛋雏鸡的应用研究表明，0.10% 甘露寡糖能够显著抑制雏鸡盲肠中致病菌大肠杆菌的生长，其抑菌效果与 20mg/kg 黏杆菌素＋4mg/kg 杆菌锌肽效果相当，还可显著促进双歧杆菌和乳酸杆菌等有益菌的生长。陈伟等探究甘露寡糖对蛋鸡的影响时发现，饲粮中添加 1.0～1.5g/kg 甘露寡糖能够显著提高蛋鸡产蛋率并降低血液甘油三酯含量，同时显著提高鸡抗新城疫和传染性支气管病毒抗体浓度，抑制回肠中大肠杆菌和沙门菌的繁殖。

宋琼莉等在研究寡聚糖替代抗生素对仔猪的影响时发现，0.30%果寡糖十0.15%甘露寡糖配合使用能够极显著提高仔猪血清中免疫球蛋白G的水平。Wu等研究发现，壳寡糖能增加鼠巨噬细胞体积、诱导树突形态变化并引起 G_0/G_1 期细胞周期停滞，明显抑制巨噬细胞超氧化物的产生，刺激树突细胞表面标志因子的表达，这表明壳寡糖能够诱导巨噬细胞分化为树突细胞，继而增强由这两种细胞介导的细胞免疫和体液免疫。

应用寡糖及其复合制剂饲喂蛋鸡，进行促长增重和抗逆性试验。试验结果显示，在促长增重试验中，复合寡糖组（用量 0.02g/只）、寡聚糖 I 组（用量 30mg/kg）、寡聚糖 II 组（用量 60mg/kg）与对照组比较，增重分别提高 31.6%（$P<0.01$）、22.3%（$P<0.01$）和 31.6%（$P<0.01$）；饲料利用率分别提高 27.9%、16.6%和 30.1%；在抗逆性试验中，减重分别减少 74.4%（$P<0.01$）、12.0%（$P<0.05$）和 41.7%（$P<0.01$）；啄癖发生率分别减少 74.6%、62.3%和 87.7%。结果表明，复合寡糖和寡聚糖对蛋用育成鸡的促长增重及提高抗逆性具有显著的作用。

低寡聚糖类物质能选择性刺激肠道有益微生物的生长繁殖，20 世纪 80 年代中后期，日本首先把这种糖类物质开发成饲料添加剂产品。据 Wen 报道，鲤鱼饲喂 5 周后遭到疾病袭击，发现添加寡糖组幼鱼死亡率比对照组降低 28%。Lyons 报道，鲜鱼苗经受冷水病原菌侵袭，添加寡糖组死亡率由对照的 25%降为 1%。

5. 抗菌肽

抗菌肽（AMP）的抗菌谱较广，且不易引起耐药性，被认为是一种较理想的抗菌活性物。抗菌肽按照作用对象可分为：抗细菌肽、抗病毒肽、抗真菌肽等。抗菌肽针对不同微生物的抗性机制是不同的，目前主流观点认为其抗菌机制是抗菌肽利用极性和非极性吸附在菌膜表面，通过破坏细胞膜结构使细胞内容物外流而发挥杀菌作用。世界上发现的第一种抗菌肽是天蚕素，1980 年由瑞典科学家 Boman 等用大肠杆菌诱导惜古比天蚕蛹产生出有抗菌活性的多肽物质，定名为天蚕素（cecropin）。随后又在其他生物体内陆续发现了多种抗菌肽，如蛙皮素（magainin）、蜂毒素（melittin）、防御素（defensin）等。目前，世界上已知的抗菌肽共有 1 200 多种。

目前，从鳞翅目和双翅目体内已分离出 20 余种此类抗菌肽。此类抗菌肽主要对革兰氏阳性菌和革兰氏阴性菌起作用，但是对真菌没有杀菌活性。王雅丽从中国林蛙皮肤中提取分离纯化得到抗菌肽 AMP-1，通过抑菌试验发现其对金黄色葡萄球菌、大肠杆菌以及多种耐药菌株具有较好的抑制效果，而且其对肿瘤细胞活性抑制率达到 75.8%。

近年来，抗菌肽因具有与抗生素不同的杀菌机制和抗菌谱广等特点，成为新型饲料添加剂，被广泛应用于畜牧业，其可抑制或杀灭宿主体内病原菌，改善肠道菌群，提高免疫力，促进动物生长。

不同浓度的 AMP 能显著降低仔公鸡或肉鸡肠道中大肠杆菌的丰度，提高双歧杆菌和乳酸杆菌的数量，改善肠道菌群，降低料重比，促进肉鸡生长。陈芸等在山羊饲粮中添加复合 AMP 能显著降低变形菌门和螺旋菌门的含量，提高与生长相关的部分降解纤维菌属和普雷沃菌属的含量。姜文等发现，AMP 能显著提高断奶仔猪的末重、平均日增重及直肠乳酸杆菌和双歧杆菌丰度，降低料重比、腹泻率和大肠杆菌丰度，表明 AMP 能显著改善断奶仔猪肠道菌群结构，提高其生长性能。

研究表明，AMP 可预防鱼类疾病，其能快速扩散到感染部位，聚集免疫细胞到感染组织和病原体中。白建等用不同浓度的 AMP 饲喂 1 日龄肉鸡，发现 AMP 能提高肉鸡免疫器官指数。AMP 能结合 LPS 从而展现出抗炎活性，并在衰老过程中，AMP 与血清中 IL-10、IL-2、IL-4、IL-6 和 TNF-α 等细胞因子浓度呈现逆相关性，表明 AMP 可以作为免疫调节剂。

6. 噬菌体

噬菌体是专一性的细菌病毒，能高效快速地杀灭靶细菌而不受细菌耐药性和生长环境的影响。在细菌耐药性日益严重的今天，噬菌体作为一种天然的治疗性制剂，逐渐受到重视。在后抗生素时代，噬菌体疗法有望成为治疗细菌感染的未来趋势，但是受科技发展水平、法律法规的监管理念以及伦理和生物安全等因素制约，噬菌体治疗依然面临着诸多挑战。

噬菌体具有以下特性：①噬菌体具有很强的特异性，一般只感染特定种属的病原菌，不会破坏正常菌群。抗生素由于其广谱性，在用于治疗感染性疾病的同时，往往也会破坏消化道及泌尿生殖道等部位的正常寄居菌，从而导致微生态微生物群落的失衡，引起机会性感染甚至更严重的全身性感染，同时也可能导致新的耐药性。②噬菌体增殖能力强，理论上一次给药，只要宿主菌持续存在，噬菌体就能自我维持。③噬菌体治疗不受细菌耐药性的限制。噬菌体具有完全不同于抗生素的杀菌机制，不受细菌已经获得的抗生素耐药性的影响。④噬菌体进入机体后没有代谢，不会造成机体的二次污染。噬菌体只在细菌感染的部位发生作用，随着病原菌的死亡而减少，直至消失。

Jo 等评估了噬菌体和抗生素的协同作用，以减少医院环境中金黄色葡萄球菌的抗生素耐药性，为在人类和食用动物中减少抗生素抗性提供了有用的信息。Estrella 等分离鉴定了 7 株新型噬菌体，可以裂解从 170 个诊所中分离到的金黄色葡萄球菌中的 70%～91%，表明广谱裂解性噬菌体混合制剂可以抑制抗性细菌群体的出现，具有抑制金黄色葡萄球菌伤口感染的巨大潜力。

Negut 等评估了市售的噬菌体鸡尾酒对罗马尼亚感染参考中心的 83 例患者中金黄色葡萄球菌的影响，这些金黄色葡萄球菌对市售的噬菌体显示出相当好的易感性。李跃从患乳腺炎的奶牛中分离得到金黄色葡萄球菌 4P-1。通过灌乳的方式用噬菌体 2Y-10 对该模型进行了治疗。结果表明，乳腺感染前 1h 以及感染后 1h 给予噬菌体均可以使乳腺组织内细菌数量显著下降，缓解乳腺组织病变，有效降低炎症反应。Verstappen 等研究了噬菌体对体内、体外和离体的猪鼻中金黄色葡萄球菌的抑制效果，结果表明，噬菌体 K∗710 和 P68 只在体外模型中起作用。Fan 等分离了对金黄色葡萄球菌具有毒性和特异性的噬菌体IME-SAl，治疗试验的初步结果表明，其裂解酶 Trx-SAl 可以有效控制由金黄色葡萄球菌引起的轻度临床乳腺炎。Gu 等用貂来源的铜绿假单胞菌（血清型 G）D7 菌株作为宿主分离宽宿主范围的噬菌体 YH30。结果表明，噬菌体具有治疗铜绿假单胞菌引起的貂出血性肺炎的潜力。Carrillo 等选择了两株空肠弯曲杆菌 HPC5 和 GIIC8 对肉鸡口服攻毒以建立肠道定殖模型，随后比较了两株宽谱噬菌体 CP8 和 CP34 在不同口服剂量时的作用效果，结果显示，噬菌体处理后 1～5d，鸡盲肠中空肠弯曲杆菌数量显著减少。Huff 等在体外预先将噬菌体与大肠杆菌混合，然后给雏鸡气囊注射大肠杆菌攻毒，结果发现，噬菌体能显著降低雏鸡死亡率。Miller 等就噬菌体对家禽坏死性肠炎的治疗效果进行了研究，结果显示，噬菌体混合制剂 INT-401（5 株噬菌体混合）能使肉鸡坏死性肠炎发病死亡率显著降低，且效果优于产气荚膜梭菌类毒素疫苗。

7. 病原菌毒力因子抑制剂

抗毒力药物（以细菌毒力因子或毒力调控系统为靶标的药物）主要是通过抑制毒力因子的表达或活性，而不是通过抑制细菌的生长来发挥抗感染的作用，由于这些毒力因子通常情况下并非细菌生存所必需，所以给予细菌的选择压力小，不易产生耐药性。目前，抗毒力药物研究主要在以下几个领域：

（1）黏附抑制剂

黏附通常是感染发生的第 1 步，包括内化作用、深部组织的穿透、全身扩散。大肠杆菌利用菌毛达到黏附的目的；在金黄色葡萄球菌中，参与黏附的主要是菌体表面的蛋白成分，如纤维连接蛋白结合蛋白、蛋白 A、胶原黏附蛋白、凝集因子、胞外基质结合蛋白等，与宿主细胞上的相应受体结合，金黄色葡萄球菌分泌的 sortase 酶催化细胞表面蛋白与细胞壁的结合交联。目前，国际上已经开发了抑制大肠杆菌 P 菌毛的小分子化合物（二环的 2-吡啶酮）。在小鼠感染模型中，菌毛类似物可降低细菌黏附到膀胱的能力，有效阻止泌尿生殖道感染。

（2）毒素抑制剂

①志贺毒素。志贺毒素（Shiga toxin，Stx）是 EHEC 分泌的致命毒素。

EHEC 感染过程中，志贺毒素分泌到胃肠道，经肠上皮进入体循环，导致血便和出血性尿毒症综合征（HUS）。Stx 通过干扰细胞蛋白质的合成导致了具有 Gb3 受体的细胞损伤、死亡，最终引起疾病的发生。临床研究证明，磺胺类和 β-内酰胺类抗生素治疗 EHEC O157：H7 感染，会增加患者并发 HUS 的危险性。抗生素使菌体破裂，导致 O157：H7 菌 Stx 的释放水平大大提高，使用抗生素对病程无明显影响甚至导致病程的延长，从而可能增加发生并发症的危险并引起死亡。20 世纪 90 年代末和 21 世纪初，Synsorb 开发了 Gb3 分子类似物（Synsorb-Pk），竞争性地与志贺毒素的 B 亚基结合，对消除胃肠道游离毒素很有效，减少肾和中枢神经系统发生后遗症的可能性。此外，毒素与 Synsorb-Pk 结合后就被分泌到体外，防止了体内进一步的损伤。

②葡萄球菌黄素。葡萄球菌黄素即金色类胡萝卜素，是金黄色葡萄球菌非常重要的一种毒力因子，作为抗氧化剂逃避宿主免疫系统活性氧簇（ROS）的攻击。

③α溶血素。α溶血素是一个 33.2ku 的外毒素，金黄色葡萄球菌在对数生长后期分泌，目前国际上已有一些通过拮抗 α溶血素的功能治疗金黄色葡萄球菌感染的报道。

Lyon 等人在研究 4 种自诱导肽（autoinducing peptides，AIP）上决定其激活功能的关键氨基酸残基时发现，AIP-Ⅰ和 AIP-Ⅳ仅有 1 个氨基酸存在差别，AIP-Ⅰ上 5 位的天冬氨酸在 AIP-Ⅳ中为酪氨酸。AIP-Ⅰ能够强烈激活 AgrC-Ⅰ，但基本上不能激活 AgrC-Ⅳ；与此不同的是，AIP-Ⅳ对 AgrC-Ⅰ和 AgrC-Ⅳ均有很强的激活功能。由此，Lyon 等人对 AIP-Ⅰ和 AIP-Ⅳ进行了关键氨基酸残基的构效关系研究，在这一研究中他们将 AIP-Ⅰ5 位上的天冬氨酸置换成丙氨酸。试验发现，天冬氨酸被丙氨酸取代后（D5A）形成的衍生物 AIP-ⅠD5A 对 4 种 AgrC 完全丧失激活功能，不仅如此，AIP-I D5A 对 4 种 AgrC 都具有良好的抑制能力（IC_{50} 为 0.3～8nmol/L）。

Chong 等人报道，Agr 系统的功能障碍使得医院获得性耐甲氧西林金黄色葡萄球菌（MRSA）菌株 ST5-SCCmec type Ⅱ（Ⅱ型 Agr 系统）在传播过程中具有潜在的优势，而这对于我们控制 MRSA 的传播是不利的。

2003 年，Luong 等人发现了一个控制多个基因表达的转录调节因子（multiple gene regulator，Mgr），并将它命名为 MgrA。研究发现，缺失或者过表达 mgrA 基因可影响荚膜、核酸酶、蛋白酶、凝固酶、蛋白 A 和 α溶血素等毒力因子的表达。与此同时，Cheung 课题组在寻找 Ⅴ型荚膜（Cap5）调节因子时，发现一个自裂解活性和对青霉素敏感性均增加的插入突变株，并将突变掉的基因命名为 rat（regulator of autolytic activity），即 mgrA 基因。此外，MgrA 还可负调控耐药泵基因 norA、norB 和 tet38 的表达，这些耐药泵可使菌株降低对喹诺酮类抗生素如环丙沙星的敏感性。因而，*mgrA* 基因突变株对喹诺酮类抗生素和万古霉素的 MIC 较野生型菌株提高了 2 倍。

张成芳等在已知 T3SS 抑制剂 MBX1614 结构的基础上，通过结构修饰，设计合成了一系列新的衍生物 α-苯氧基酰胺类。研究表明，新合成的化合物作用靶点为 *exoS* 基因，该类化合物对 *exoS* 基因有明显的抑制作用，抑制活性强于 MBX1614。为验证这些合成化合物对 T3SS 毒力因子的抑制效果，用 Western 杂交的方法来检测 *exoS* 基因的表达水平，其结果与转录水平影响 *exoS* 基因表达的结果一样。国内的研究报道显示，中国猪链球菌对环丙沙星、阿奇霉素、四环素、磺胺类等药物耐药严重。猪场菌群是耐药基因的重要储存库，可通过直接或间接接触或食物链等方式传递给人类，是人体细菌捕获耐药基因的潜在来源。

二、抗生素替代物产品研发现状

由于目前对抗生素替代物的概念和界定不清，目前市面上抗生素替代物产品种类繁多、概念混淆不清，市场上流行的抗生素替代物包括益生菌、植物提取物、酶制剂、有机酸、抗菌肽、功能性寡糖、血浆蛋白粉、卵黄抗体、寡糖等，但严格意义上讲的抗生素替代物应该界定为明确具有抗生素的抗病治病的功能，并能够提高动物生长性能的产品。而酶制剂、微量元素、卵黄抗体等因其直接明确的功能不足，严格意义上均不能称为抗生素替代物产品。目前，临床上针对抗生素使用的替代方案主要包括使用酸化剂、低聚寡糖（益生元）、植物抗生素（中草药/香精）、益生菌，通过调整饲料中蛋白质和氨基酸、日粮原料组成和饲料形态以及管理和饲养技术等，以达到减少抗生素使用的目的。目前可以称为抗生素替代物产品的主要包括：抗菌肽、植物提取活性物质（精油）制剂、益生菌、有机酸等。目前，抗生素替代物产品研发状况如下。

1. 植物提取活性物质产品

植物提取活性物质包括草本植物、香料及其衍生物（主要是精油），主要活性成分包括芳香族化合物、脂肪族化合物、含氮含硫化合物、萜烯类化合物等，这些活性成分被提取出来多组分或单一组分制成制剂作为抗生素替代物的主体。植物精油大多数为液态的具有挥发性的有机混合物，一般取自植物的花、苞、叶、枝、根、树皮、果实、种子和树脂等。植物精油以前用来美容或香薰，现已在化妆、保健、调味等领域广泛应用。目前，世界各国允许使用在食品上的精油有 4 000 多种。美国食品香料与萃取物制造协会评价精油为"一般安全的物质"。目前，植物抗生素主要成分有大蒜素、异硫氰酸烯丙酯、香芹酚、肉桂醛、香草酚等。

　　李文茹等研究表明，肉桂、大蒜、丁香精油对大肠杆菌、金黄色葡萄球菌、黑曲霉和绳状霉菌有很强的抗菌作用；袁萍研究发现，山苍子、肉桂、丁香对黄曲霉、毛霉、青霉、黑根霉等有抑制作用。曹伟春等研究发现，肉桂枝汤能够有效抑制流感病毒；刘蓉研究发现，桂皮挥发油可活化细胞内 TLR7 介导相关通路，诱导干扰素如 IFN-β 等相关细胞因子分泌表达，从而激活抗病毒的免疫应答过程。研究表明，柠檬精油通过抑制 5-LOX 发挥抗炎特性。粉红辣椒精油可以调节肉鸡肠道微生物菌落，减少大肠杆菌数量，增加乳酸菌数量。在肉鸡的饲养试验中发现，牛至精油（主要成分是酚类）显著提高了小肠绒毛高度，从而促进了肠道健康、提高生长性能。牛至精油是一种潜在的安全、高效、绿色天然抗生素和药物生长促进剂，是一种新型的植物广谱抗菌药物，可以增强机体免疫力，提高饲料利用率。含有浓缩的植物主要活性成分的精油产品，主要包括具有抗菌活性的大蒜素油、芥末油、香芹酚、百里香酚、肉桂醛、香草酚的单一或复配的植物精油产品，用于替代抗生素，能促进唾液分泌、胃酸分泌、酶分泌，具有提高风味、改善食欲和采食量、促进消化、提高营养利用率、改善肠道菌群、预防肠道疾病的功能。安惠华 EO 作为一种混合型添加剂，含有肉桂醛、百里香酚等有效成分，是一种颗粒状产品，可以提高家禽和猪的生产性能，显著增加采食量和日增重，降低料重比和动物的腹泻率，调控肠道微生物菌群。目前市售代表性的产品有：嘉吉公司的"新金金"，产品含肉桂醛≥6.8%、百里香酚≥3.8%；荷兰罗伯帕姆公司的"诺必达"，产品含牛至香酚≥4.8%；潘可士玛公司的"动力源"，产品含香芹酚 5%、肉桂醛 3%、辣椒油树脂 2%；广州美瑞泰科的"好力高"，产品含牛至香酚≥5.0%。

　　目前在植物精油产品研制上主要解决的关键问题有：①精油原药特性和品质、提取工艺、纯度、有效成分。②制剂技术，着眼于如何使植物精油的药效价值最大，需通过制剂技术重点解决挥发性和不稳定性的问题，以及使用环节的耐高温（湿热）、混合均匀度、过胃肠溶的问题。③正确的使用方法，通过同一水平上的疗效比较，确定最佳的添加量。

2. 微生态制剂产品

　　目前，用作益生菌的微生物主要有乳杆菌、双歧杆菌、肠球菌、芽孢杆菌等单菌或混合菌产品。可以产生抗菌物质（乳铁蛋白、溶菌酶、细菌素）改变肠道环境，通过产乳酸降低 pH，减少或预防腹泻、提高生长速度、提高消化率、促进饲料采食、提高饲料利用率。目前，进口市场较为认可的产品主要是经过制剂工艺处理的益生菌产品，如德国绍曼公司产品，2003 年在欧洲上市，得到了广泛认可，其含有稳定、高效的乳酸球菌，能利用糖类物质产生乳酸。产品采用微胶囊加工技术，含菌量为每克饲料 1×10^6 CFU，适用于各阶段猪群和禽类，能显著降低猪的料重比以及减少胃肠疾病的感染，可以增加母猪产仔的成活率，降低仔猪感染细菌性疾病的概率。意大利阿卡公司的市售产品是一种屎肠球菌，可以作为微生物饲料添加剂，是一种乳白色颗粒，活菌数为每克饲料 3.4×10^{10} CFU，可用于母猪、仔猪、育肥猪和禽类，主要作用是提高肠道健康、预防腹泻、降低料重比、提高免疫力、降低死亡率、减少抗生素的使用。可用作益生素的微生物种类很多，美国规定允许用作益生素的微生物有43 种，我国农业农村部规定的可用于饲料微生物添加剂的有 12 种。活的微生态制剂可以促进肠道微生物平衡，益于动物健康。用作益生菌的微生物主要包括乳杆菌、双歧杆菌、肠球菌、链球菌。

有报道对不同公司生产的 bd 产品、cl 产品等 5 种产品做了评价性研究，发现目前市面上的包被乳酸菌品质参差不齐，虽均标示出耐高温性能，但不同产品耐高温性能很差，有的在 90℃ 干热条件下就基本完全损失。有的在 90℃ 干热和湿热处理 10min 的情况下均损失严重。所测菌株干热条件下菌株活力的损失率均低于湿热处理的损失率。有的产品在 60℃ 干热条件下损失仅 4%，损失极低，90℃ 干热条件下损失近一半；通过对乳酸菌繁殖力的测定，发现不同产品繁殖能力和水平不同（表 2-3 至表 2-8）。

表 2-3　不同产品耐干热处理结果

样品	菌株正常活力（CFu/g）	处理		处理后活力（CFu/g）	损失率（%）
		温度（℃）	处理时间（min）		
市售 bd	250 亿	90	10	200 亿	20
市售 cl	550 亿	90	20	55 亿	90
市售 ay	2.92×10^9	60	20	2.49×10^9	4.04
		90	10	2.31×10^9	37.38
市售乳酸菌微囊产品 1（粗）	4.17×10^9	90	10	2.37×10^9	43.16
市售乳酸菌微囊产品 2（细）	2.59×10^9	90	10	2.49×10^9	3.86

表 2-4　不同产品耐湿热处理结果

样品	菌株正常活力（CFu/g）	处理		处理后活力（CFu/g）	损失率（%）
		温度（℃）	处理时间（min）		
市售 bd	250 亿	90	20	75 亿	70
市售 cl	550 亿	90	20	27.5 亿	95
市售 ay	2.92×10^9	65	20	2.33×10^7	99.2
		90	10	6.60×10^8	77.4
市售乳酸菌微囊产品 1（粗）	4.17×10^9	65	20	6.83×10^8	83.6
市售乳酸菌微囊产品 2（细）	2.59×10^9	90	10	6.40×10^8	84.6

表 2-5　市售 ay 生长繁殖试验结果

时间（h）	0	2	4	5	6	6.5	7.5	8.5	9.5	10.5	11.5	12.5	13.5	14.5	15.5	16.5
浊度	0	0.017	0.128	0.399	1.132	1.596	2.535	3.06	3.486	4.062	4.325	4.217	4.517	4.204	4.274	4.204

表 2-6　市售 bd 生长繁殖试验结果

时间（h）	0	1.3	3.3	5.3	7	8.5	9.5	10.5	12.5	15	17	19.5
浊度	0	0.012	0.108	0.762	1.862	2.724	2.824	2.724	2.400	2.585	2.325	2.315

表 2-7　市售 cl 生长繁殖试验结果

时间（h）	0	1.3	3.3	5.3	7	8.5	10.5	11.5	12.5	13.5	15	17	19.5
浊度	0	0	0.108	0.463	0.871	1.474	1.495	1.865	2.000	2.000	2.315	2.32	2.310

表 2-8　菌株对数生长期直线拟合数据

菌　　株	直线拟合方程	R^2
市售 kf	$y = 0.621\,1x - 2.200\,5$	0.961 7
市售 ay	$y = 0.543x - 1.765\,9$	0.938 2
市售 cl	$y = 0.190\,2x - 0.441\,9$	0.966 7
市售 bd	$y = 0.476\,7x - 1.547\,6$	0.977 0

3. 酸化剂产品

市售酸化剂产品包括有机酸和无机酸及有机酸和无机酸混合产品。其中，无机酸产品因有一定的腐蚀性，使用受到限制，现在广泛推广的主要是有机酸酸化剂，其抑菌作用模式主要有两种：一是有机酸在水溶液中通过解离作用释放出 H^+，破坏适宜有害微生物生存的酸碱环境，抑制其生长繁殖；二是小分子有机酸可以透过细胞壁进入病原菌细胞内，降低胞内 pH，抑制 DNA 和 RNA 的合成，破坏病原菌细胞膜的完整性，达到抑菌和杀菌作用。Dierick 等（2004）报道，在断奶仔猪日粮中添加适量安息香酸可以改善仔猪的生产性能。Guggenbuhl 等（2006）在断奶仔猪日粮中添加 0.5％安息香酸，仔猪的日增重提高了 13.13％，饲料转化率提高了 6.06％，氮的表观利用率提高了 5.28％，能量的表观利用率提高了 4.46％。家禽应用，黄小春等（2006）在肉仔鸡日粮中添加 0.45％二甲酸钾，肉仔鸡的日增重 10.27％，料重比提高了 5.68％，肠道中大肠杆菌的数量降低了 11.09％。程广凤等（2005）在雏鸡日粮中添加 0.1％柠檬酸，雏鸡的日增重提高了 9.33％，饲料转化率提高了 3.1％。在水产上应用的例子，何凤旭等（2006）在对虾全价饲料中添加 0.8％二甲酸钾，虾的日增重提高了 26％，存活率提高了 7.8％。潘庆等（2004）在罗非鱼饲料中添加 0.2％柠檬酸，罗非鱼的特定生长率提高了

6.86%，饲料转化率提高了5.47%；胃蛋白酶的活力提高了26.16%，胰蛋白酶的活力提高了27.78%。市售酸化剂的主要功能是降低饲料的pH，降低饲料的缓冲力，抑制大肠杆菌和沙门菌的生长繁殖，降低胃内pH，提高饲料中粗蛋白质、钙、磷的消化吸收，抑制霉菌的生长繁殖。近年来也出现了高端包被工艺的酸化剂产品，通过制剂工艺解决了酸化剂自身的不足。

目前，市售代表性酸化剂主要包括国产的上海正正生物技术有限公司（以下简称上海正正）、广东利生源生物饲料有限公司（以下简称广东利生源），进口代表性酸化剂有芬兰凯米拉化学品有限公司（以下简称芬兰凯米拉）、美国建明工业公司（以下简称美国建明）、诺伟司饲料添加剂（上海）有限公司（以下简称诺伟司）的产品。酸化剂产品都是以有机酸为主，每种酸化剂均含有一定量的乳酸，其中上海正正生物技术有限公司的P001含有37.57%乳酸、13.75%富马酸、8.89%柠檬酸；上海正正的P002含有21.41%乳酸、59.02%柠檬酸；芬兰凯米拉含有10.65%乳酸，主要成分为甲酸盐；美国建明以乳酸和富马酸为主，富马酸含量高达19.25%，在同类产品中最高；广东利生源含有15.58%柠檬酸，但总酸度很高，推测可能含有一定的磷酸。最低抑菌浓度试验结果表明，两种小分子型酸化剂的MIC为10.24mg/mL，其他产品的MIC浓度为2.56mg/mL。从试验结果中可以看出，酸化剂的MIC要远低于抗生素的MIC，估计与酸化剂抑菌作用机制有关。酸化剂抑菌圈的试验结果表明，对鸡大肠杆菌效果较好的是市售的2种酸化剂；对猪、鸡大肠杆菌、金黄色葡萄球菌、鸡白痢沙门菌4种菌种综合疗效较好的是市售乳酸型酸化剂。目前，对酸化剂产品的研发集中在酸化剂原料的选择、最佳配比以及制剂工艺方面（表2-9至表2-11）。

表2-9　不同酸化剂质量检测结果

样品来源	性状	pH	总酸度（%）	有机酸含量（%）			厂家标示含量
				乳酸	富马酸	柠檬酸	
上海正正P001	白色固体	2.38	63.99	37.57	13.75	8.89	不低于50%的L-乳酸
上海正正P002	白色固体	2.40	81.56	21.41	0.17	59.02	总酸含量不低于72%
芬兰凯米拉	白色固体	4.74	4.46	10.65	未检出	未检出	乳酸标示含量16%，柠檬酸7.5%
市售酸化剂1	白色固体	2.46	38.73	36.36	11.78	未检出	乳酸36%
市售酸化剂2	白色固体	4.48	5.69	7.42	未检出	0.76	甲酸型，乳酸约10%
美国建明	褐色固体	2.24	52.20	19.80	19.25	2.17	乳酸、富马酸为主
广东利生源	白色固体	1.97	74.66	5.29	2.14	15.58	柠檬酸为主，应该含有无机酸

表 2-10　酸化剂样品 MIC 测定结果（两次平均值）(mg/mL)

样品来源	上海正正 P001	上海正正 P002	芬兰凯米拉（小分子型）	市售酸化剂 1（乳酸型）	市售酸化剂 2（小分子型）	美国建明	广东利生源
鸡源大肠杆菌（临床分离）	2.56	2.56	10.24	2.56	10.24	2.56	2.56
猪源大肠杆菌（临床分离）	2.56	2.56	10.24	2.56	10.24	2.56	2.56
金黄色葡萄球菌	2.56	2.56	10.24	2.56	10.24	2.56	2.56
鸡白痢沙门菌	2.56	2.56	10.24	2.56	10.24	2.56	2.56

表 2-11　酸化剂样品抑菌圈测定结果（两次平均值）(mm)

样品来源	上海正正 P001	上海正正 P002	芬兰凯米拉	市售酸化剂 1（乳酸型）	市售酸化剂 2（小分子型）	美国建明	广东利生源
鸡源大肠杆菌（临床分离）	6.28	8.07	8.06	11.35	9.44	10.65	8.25
猪源大肠杆菌（临床分离）	8.54	8.02	8.7	8.52	7.99	9.19	12.18
金黄色葡萄球菌	9.12	8.44	12.16	11	7.61	7.85	9.03
鸡白痢沙门菌	8.69	9.13	8.01	9.18	7.23	9.02	7.46

4. 抗菌肽产品

目前市售产品根据来源包括：①微生物抗菌肽，有细菌抗菌肽和病毒抗菌肽 2 类。其中，来自细菌的抗菌肽也称为细菌素。②植物抗菌肽，常见的有硫素、防御素、环肽类蛋白、脂质转移蛋白、细胞穿透肽、蜕皮素等。③昆虫抗菌肽，目前从昆虫体内分离到的抗菌肽有 200 多种，这些多肽根据其抗菌机制及氨基酸的序列组成可分为 5 种：天蚕素、溶菌酶、防御素、富含甘氨酸的多肽及富含脯氨酸的多肽。④两栖动物抗菌肽，目前已有 1 400 种抗菌肽从两栖类动物皮肤分泌物中分离出来。两栖动物抗菌肽根据其结构特点可分为 2 类：含有分子内二硫键的环状抗菌肽和具有 α 螺旋结构的线性抗菌肽。⑤哺乳动物抗菌肽，主要分为 2 类，即防御素（defensin）和组织蛋白酶抗制素（cathelicidin）。研究最多的防御素类抗菌肽，是抗菌肽家族最大的一类。哺乳动物防御素分为 α-defensin 和 β-defensin 两大类。⑥海洋生物抗菌肽，种类繁多的海洋生物能产生多种多样的抗菌肽。

目前国内已有的产品主要有：①广州和仕康防御素产品复合抗菌肽，含 3 种基因工程防御素，以及其他抗微生物多肽、复合酶、微量元素、氨基酸、B 族维生素、有机促生长因子，能增强机体体质、提高抵抗力，有效防御猪场病毒性疾病，显著提高成活率，显著提高仔猪均匀度、断奶重及保育出栏重。②瑞鑫百奥抗菌肽系列产品，含动植物复合抗菌肽和防御素、酵母菌壁蛋白、多种维生素、复合氨基酸、微量元素、寡糖、纤维酶、淀粉酶，适口性好，诱食效果佳，免疫肽可迅速激活仔猪免疫系统，显著提高抗病能力，避免仔猪感染各种传染性疾病，提高弱仔、僵猪的成活率和生长速度。③香港格拉姆格莱姆系列，主要成分为复合抗菌肽、植物防御素、野生真菌提取物、海洋生物提取物、植物提取物和多种维生素等，有助于迅速启动和调节特异性免疫应答，对猪繁殖与呼吸综合征病毒和圆环病毒感染防治效果极佳；有效保护仔猪肠黏膜，调节肠道菌群平衡，强化消化功能，增进营养吸收，预防动物营养性腹泻；显著提升抗应激能力，减少由换料、转群、疫苗接种和温度变化引起的应激反应。④中农颖泰公司的天蚕素抗菌肽系列产品。

5. 寡糖（益生元）产品

益生元是指其在动物体内不能被消化，但可以促进肠道有益微生物的生长或提高其活性进而提高动物健康水平的物质。益生元能提供有利于有益微生物生长的环境或养分，选择性刺激大肠有益双歧杆菌的生长，还具备免疫功能，调节肠道形态、微生物群落、肠道 pH，促进矿物质吸收，提高抗病力。主要成分为不可消化的（果）寡糖（FOS）及植物纤维，也称作果聚糖（这类植物通常不含淀粉）。

6. 噬菌体产品

噬菌体是一种体积微小、没有细胞结构的病毒，绝大多数寄生于细菌，它会侵入细菌后裂解杀死细菌，因此又称为"细菌病毒"。近年来，随着"超级细菌"让人类越来越束手无策，人类又重新认识到了噬菌体的价值。但在产品应用方面，即使在噬菌体产业化方面走得较快的美国，FDA 至今也没有批准过一个噬菌体药品。目前的产品大都属于预防以及其他类别的产品，且全集中于农业种植领域。在国内，一些科研机构和企业也正在进行噬菌体产业化尝试。不管是在人用药品还是在兽药领域，国内外都没有噬菌体类产品正式申报、上市。此类产品大多存在特异性差异大，疗效受区域和作用对象的限制的缺点，在这一领域都需要进一步深入研究和改进，才能获得广谱高效的产品。

7. 病原菌毒力因子抑制剂产品

目前研究发现某些天然化合物和小分子化合物具有干预细菌性毒力因子的生物学活性，能显著抑制病原菌的致病力，有望作为新的有效的抗生素替代物。但目前还处在试验研究阶段，没有最终产品上市应用。

第四节　兽药的代谢及残留监控技术研究动态

一、兽药的代谢研究进展

目前，我国的动物性药物代谢研究还比较落后。新药开发缓慢，致使人们对兽药代谢的研究比较少。大多数研究的内容为药物在体内的代谢途径、代谢产物与代谢酶。本部分介绍解热镇痛抗炎药、抗微生物药、抗寄生虫药以及其他兽药（化学类）在动物上的代谢研究进展。

（一）各类兽药的代谢研究进展

1. 解热镇痛抗炎药

解热镇痛抗炎药又名非甾体类抗炎药（non-steroids anti-inflammatory drug，NSAID），除具有退高热、减轻局部钝痛、抗炎作用外，尚有抑制血小板聚集功能。本类药物在化学结构上有多种不同类型，但有共同的作用机制，即抑制环氧合酶（COX），从而抑制花生四烯酸合成前列腺素。该类药物在临床上广泛应用于风湿性疾病、类风湿性疾病、炎性疾病、疼痛、软组织和运动损伤及发热的治疗，是全球使用较多的药物种类之一，在动物疾病治疗中也广泛应用，并发挥着巨大作用。该类药物在兽医临床上使用较少，且大多数都为老药，现选取 3 种药物进行叙述。

芬太尼（fentanyl）为一种阿片类止痛剂，主要与 μ-阿片受体相互作用，是肝移植手术常用的麻醉性镇痛药，其主要通过细胞色素 P450（cytochrome P450）系统在肝代谢，但也存在肝外代谢。

阿司匹林丁香酚酯（aspirin eugenol ester，AEE）是根据前药原理，通过阿司匹林（aspirin）和丁香酚（eugenol）的酯化反应合成的一种新型白色无味结晶状药用化合物。给 6 只比格犬口服 20mg/kg 的 AEE，并用一只犬制备空白肝微粒体。制备它们的肝微粒体用于体外研究，并且使用液相色谱串联质谱法收集它们的血浆和尿液用于体内代谢分析。结果表明，AEE 在体外发生水解和氧化等Ⅰ相代谢反应，生成水杨酸、丁香酚，以及丁香酚的 3 种氧化代谢产物，其中最主要的酶是肝细胞细胞色素 P4502A13（CYP2A13）。给药后，AEE 在犬体内首先发生Ⅰ相代谢，水解生成水杨酸和丁香酚，水杨酸以原型和Ⅱ相代谢的结合产物排出体外；丁香酚则在体内快速发生Ⅱ相代谢，以致仅在血浆中检出痕量的丁香酚，而在尿液中未检测到，在血浆和尿液中均未检出丁香酚的任何Ⅰ相代谢物；丁香酚仅以Ⅱ相代谢的结合产物排出体外。从而初步明确了 AEE 在体内主要的代谢和排泄途径。

扎托布洛芬（zaltoprofen）在犬体内发生氧化和羟化Ⅰ相代谢反应，生成 M2（S-氧化扎托布洛芬）、M3（10-羟扎托布洛芬）、M5（S-氧化-10-羟扎托布洛芬）。

2. 抗微生物药

（1）抗生素类

抗生素原称抗菌素，是细菌、真菌、放线菌等微生物的代谢产物，在极低浓度下能抑制或杀灭其他微生物。根据抗生素的化学结构，可将其分为 β-内酰胺类、大环内酯类等。

β-内酰胺类抗生素是历史最悠久的抗微生物药物，也是最大和最重要的一类抗生素。其结构特点是含有自然界中罕见的 β-内酰胺基母核。羟氨苄青霉素（amoxicillin，AMO）和青霉素 G（pencillin G，PEN G）均属于 β-内酰胺类抗生素，有很强的抗菌活性，通过抑制胞壁黏肽合成酶阻止细菌胞壁的合成，广泛应用于人体和动物的疾病治疗。AMO 的两种主要代谢产物为阿莫西林噻唑酸（amoxicilloic acid，AMA）和阿莫西林二酮哌嗪（amoxicillin diketopiperazine-2′，5′-dione，DIKETO），PEN G 的 3 种主要代谢产物为苄青霉噻唑酸（BPA-1）、苄青霉去羧噻唑酸（BPA-2）和苄青霉二酸（BPA-3）。这些代谢物由于原药 β-内酰胺环的开环得到，母体化合物由于开环而失去抗菌活性。

大环内酯类抗生素作为抗生素的一个重要类别，广泛用于医学与兽医学上对细菌感染的治疗或预防。部分由肝代谢，小部分代谢产物具有活性，如克拉红霉素的 14-羟基代谢物具有活性，罗他霉素可在体内代谢为有活性的吉他霉素。罗红霉素又名罗力得，属于第二代大环内酯类抗生素，是红霉素经过结构改造之后的衍生物。以中华鳖为实验材料，利用液相色谱串联质谱技术，研究罗红霉素在中华鳖体内的代谢规律，初步分析了罗红霉素在中华鳖血液内的代谢产物。结果表明，罗红霉素在中华鳖血液中的代谢产物有 3 种，分别是 N-去甲基代谢物、红霉素肟和罗红霉素脱克拉定糖代谢物。

（2）化学合成抗菌药

①磺胺类及其增效剂。磺胺类药物在体内主要是通过 N_4-乙酰化、羟基化和 N_1-葡萄糖醛酸化等 3 种途径进行代谢，这主要取决于药物的化学结构以及不同物种中酶组成的不同。

磺胺间二甲氧嘧啶（sulphadimethoxine，SDM）又称磺胺地索辛，属于长效类磺胺药。主要代谢方式有 N_4-乙酰化和 N_1-葡萄糖醛酸结合，另外在有些物种的尿液中发现有少量的 N_4-葡萄糖醛酸结合产物和 N_4-硫酸盐。在豚鼠体内，N_4-乙酰化是主要的代谢方式，占 66%，还有少量的葡萄糖醛酸结合产物。

磺胺二甲嘧啶（sulfadimidine，SM_2）又称 N-（4，6-二甲基-2-嘧啶基）-4-氨基苯磺酰胺，属于短效类磺胺药，抗菌作用稍弱，但是它的乙酰化衍生物均比较易于溶解，毒性较小。SM_2 主要的代谢方式有：乙酰化、羟化以及葡萄糖醛酸结合。N_4 位置乙酰化，形成 N_4-乙酰基磺胺二甲嘧啶（N_4SM_2）；嘧啶环的 5 位和侧链甲基上的羟化，分别生成 5-羟基磺胺二甲嘧啶（SOH）和 6-羟甲基磺胺二甲嘧啶（SCH_2OH）。两羟化物可进一步与葡萄糖醛酸结合，

其中 SCH_2OH 的羟甲基还可再氧化成羧基，形成 6-羧基磺胺二甲嘧啶（SCOOH）及其葡萄糖醛酸结合物（SCOOH-gluc）。SM_2 在人、兔、猴、鱼体内的主要代谢方式是乙酰化，其次是羟化。猪体内只发生乙酰化代谢，没有羟化。在反刍动物、犬、家禽、龟和蜗牛体内的羟化多于乙酰化。犬的血和尿液中能检出羟化物，不能检出 N_4SM_2。

艾地普林（aditoprim，ADP）是一种新开发的兽药抗菌增效剂。通过使用放射性示踪剂方法结合液相色谱-离子阱-飞行时间质谱法研究 ADP 在猪、鸡、鲤和大鼠中的代谢（图 2-1）。肝是 ADP 代谢的主要器官。单次口服给药后，在尿液中检测出 N-单甲基-ADP、N-二甲基-ADP 和 10 种新代谢物。这些代谢物是 ADP 通过去甲基化、α-羟基化、N-氧化和 NH_2-葡萄糖醛酸化过程转化得到的。其中，N-单甲基-ADP 和 N-二甲基-ADP 是食用组织中的主要代谢物。

采用放射性同位素示踪和液相色谱-质谱联用技术，研究二甲氧苄啶（diaveridine，DVD）在猪、鸡和大鼠体内的代谢特征。结果在猪体内检测到原型 DVD0 和脱一甲基产物 DVD1、脱甲基后与葡萄糖醛酸结合物 DVD2 和氨基与葡萄糖酸结合物 DVD4；鸡体内检测到 DVD0、DVD1、DVD3 和 DVD4；大鼠体内检测到 DVD0、DVD1、DVD3 和脱甲基后与硫酸结合物 DVD5。二甲氧苄啶在 3 种动物体内主要代谢途径为苯环脱一甲基、苯环脱甲基后与葡萄糖醛酸结合、α碳羟基化、氨基与葡萄糖醛酸结合和脱甲基后与硫酸结合。

②喹诺酮类。近年来研究较多的是喹诺酮类药物（quinolones，QN）在犬、大鼠、猪及人体内的药代动力学。QN 在消化道内吸收良好，在体内分布广泛。QN 主要经肾和胆管排泄，故尿液或胆汁药物浓度高出血浆 $10\sim20$ 倍。尿液中 80% 以上为原型药物，血浆 QN 排泄较快。QN 排泄会进入毛发，毛发能长期记录用药史，深色毛发中药物浓度较高。QN 生物转化主要发生 N-脱烷基、N-氧化反应和羟化反应，其他还有乙酰化和磺酰化反应。QN 代谢率一般为 $20\%\sim50\%$，但差异较大，氟喹诺酮的代谢在药物品种上存在差异。氧氟沙星主要以原型排出，培氟沙星大部分转化为诺氟沙星，哌氟沙星主要被代谢为氟哌酸，乙基环丙沙星转化为环丙沙星。氟喹诺酮的代谢转化主要发生在哌嗪环及其取代基上，主要反应为哌嗪环的 N-去烷基、与葡萄糖醛酸结合、邻位被氧化及哌嗪环断裂等。值得研究的是此类药物的代谢产物大多具有抗菌活性，但一般代谢物比原药的消除半衰期短。

③喹噁啉类。喹乙醇（olaquindox）在大鼠肝微粒体中可代谢成 13 种代谢物：3 种还原代谢物（O1、O2、O9）、2 种羧酸衍生物（O8、O10）、5 种羟化物（O3~O7）、2 种 N-去乙醇代谢物（O11、O12）和 1 种醛中间代谢物（O13）。在猪和鸡中只检出 7 种，O2 是喹乙醇在猪和鸡中的主要代谢物，而 O1、O2 和 O9

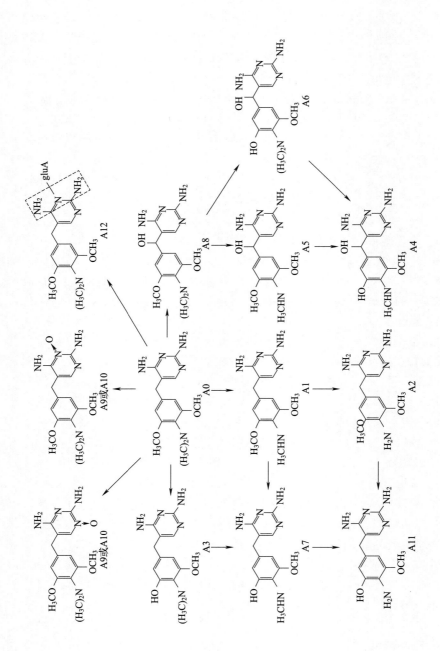

图 2-1 艾地普林在猪、鸡、鲤、大鼠体内的代谢途径

是在大鼠中的主要代谢物（图 2-2）。喹乙醇的主要代谢途径是 *N→O* 基团还原和羟基氧化，大鼠的 *N→O* 基团还原和羟化能力最强，鸡的氧化能力最强，喹乙醇 *N→O* 基团还原和 N-氧化可相互转化。喹乙醇在体内的代谢研究表明，喹乙醇在不同动物中的主要代谢途径和代谢方式相同，但次要代谢物和代谢速率存在种属差异，喹乙醇的代谢存在性别差异，雄性猪和大鼠的代谢和排泄速度比雌性快，但鸡却正好与之相反。大鼠 CYP1A 催化羟基氧化，猪 CYP1A 和 CYP2E 可能催化羟基氧化，大鼠 CYP1A 和 CYP2E 催化 N-脱羟乙基化反应，猪 CYP2A 和 CYP2E 参与其反应，鸡的多种 CYP 同工酶可能都参与这两种反应。

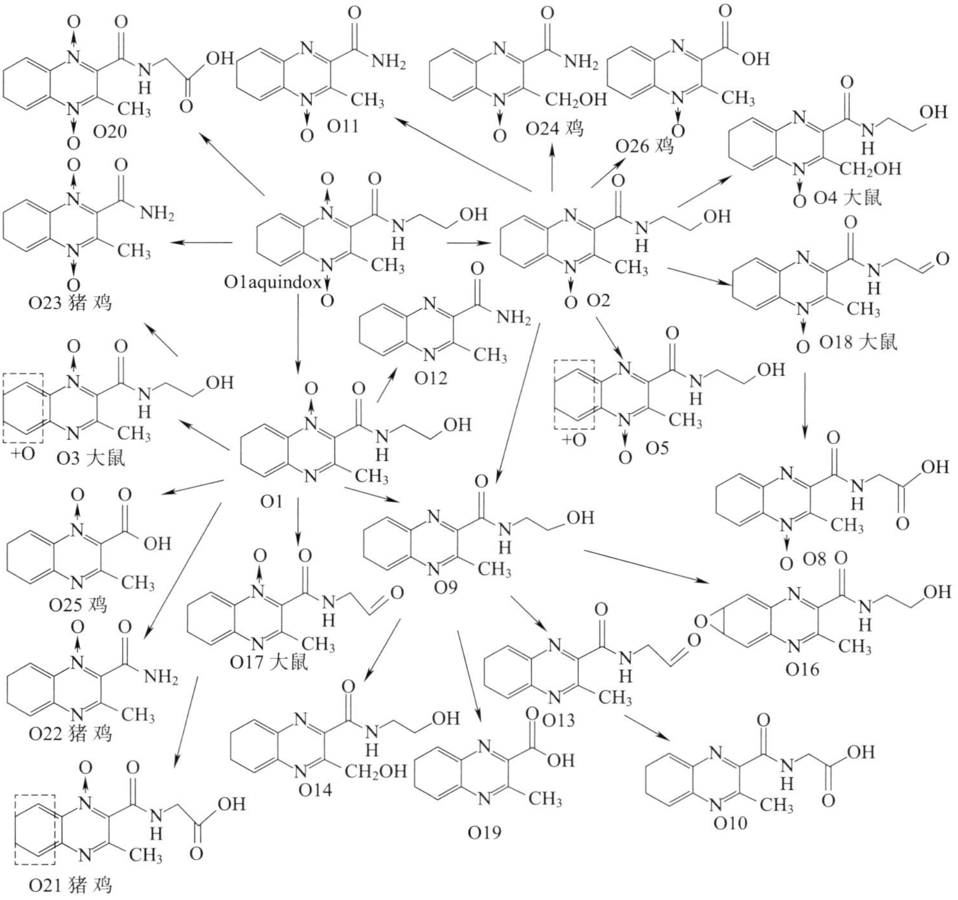

图 2-2 喹乙醇在大鼠、鸡、猪体内的代谢途径

乙酰甲喹（mequindox）在鸡肝微粒体中能代谢成 14 种代谢物，且鉴定为 3 种 *N→O* 基团还原代谢物（M1、M2、M6）、5 种羰基还原代谢物（M10～M14）、6 种羟化代谢物（M3、M4、M5、M7、M8、M9）；在大鼠中

能检出 10 种代谢物，分别是 M1、M2、M3、M4、M6、M7、M10、M11、M12 和 M14；而在猪肝微粒体中，除检出大鼠的 10 种外，还检出了 M13。M2、M10 和 M12 是猪的主要代谢物，M2、M6 和 M12 是鸡的主要代谢物，M2 和 M6 是大鼠的主要代谢物。

卡巴氧（carbadox）在大鼠肝微粒体中能生成 6 种代谢物，且鉴定为 3 种 $N{\rightarrow}O$ 基团还原物（Cb1～Cb3）和 3 种羟化代谢物（Cb4～Cb6）；在猪和鸡中都只检出 Cb1、Cb2、Cb3 和 Cb4。其中，Cb1 和 Cb4 是猪的主要代谢物，Cb1、Cb3 和 Cb4 是鸡的主要代谢物，Cb1 是大鼠的主要代谢物。

喹烯酮（quinocetone，QCT）是喹噁啉类的一种新型抗菌剂。Shen 等使用超高效液相色谱/电喷雾电离四极杆飞行时间质谱（UPLC/ESI-QTOF-MS）研究了猪尿中 QCT 的代谢物，结果在猪尿中共鉴定出 31 种代谢物。QCT 的主要代谢途径为 N_1 位置的脱氧还原以及侧链或苯环上的羟基化反应。其中，最主要的代谢物为 N_1-脱氧喹烯酮和羟化 N_1-脱氧喹烯酮。李娟采用放射示踪技术和液质联用（LC/MS-IT-TOF）技术，开展 [3]H 喹烯酮在猪、鸡和大鼠体内的代谢研究。该药在动物体内可发生广泛代谢，代谢产物存在种属差异。在猪、鸡和大鼠体内分别发现 52 种、50 种和 51 种代谢物，代谢物 Q11 和 Q34 仅在猪中检出，Q53 在猪中未检出，Q6 在鸡中未检出。从代谢物的结构分析，喹烯酮在 3 种动物体内主要发生脱氧、羰基还原、双键还原、羟基化以及二相结合反应。Liu 等采用 LC/MS-IT-TOF 技术在大鼠肝微粒体鉴定出 27 个 Ⅰ 相代谢物，其中有 11 种还原代谢物，3 种直接羟化代谢物和 13 种既还原又羟化的代谢物（图 2-3）。

喹噁啉类共同的主要代谢途径是 $N{\rightarrow}O$ 基团还原，其次是羟化，且其毒性与其 $N{\rightarrow}O$ 基团还原有关。不同化合物由于侧链不一样，其代谢途径存在明显差异，同一化合物在不同动物的代谢途径基本相似，但主要代谢物和代谢物的量存在明显的种属差异。大鼠对喹噁啉类的 $N{\rightarrow}O$ 基团还原和羟化能力最强，猪对其羰基还原和酰胺水解能力最强，鸡则对其羟基氧化能力最强。

④其他。甲硝唑（metronidazole，MNZ）是一种人工合成的硝基咪唑类抗菌药物，主要用于治疗由专性厌氧菌、原虫和螺旋体感染引起的疾病，如阿米巴原虫感染引起的禽类黑头病和猪蛇形螺旋体感染引起的痢疾。采用 LC/MS-IT-TOF 与液质-质谱（LC-MS/MS）联用技术，研究甲硝唑在猪、鸡和大鼠体内的代谢规律，推测其在动物体内可能的代谢途径。在猪、鸡和大鼠体内分别检测到 6 种、4 种和 4 种代谢产物，其中在猪体内检测到 MNZ、HM、MAA、MOOH、Glu-MNZ 和 Sul-MNZ，在鸡体内检测到 MNZ、HM、MAA 和 MOOH，在大鼠体内检测到 MNZ、HM、MAA 和 Glu-MNZ。根据甲硝唑在 3 种动物体内代谢情况，推测甲硝唑的代谢特点主要为：一是发生侧

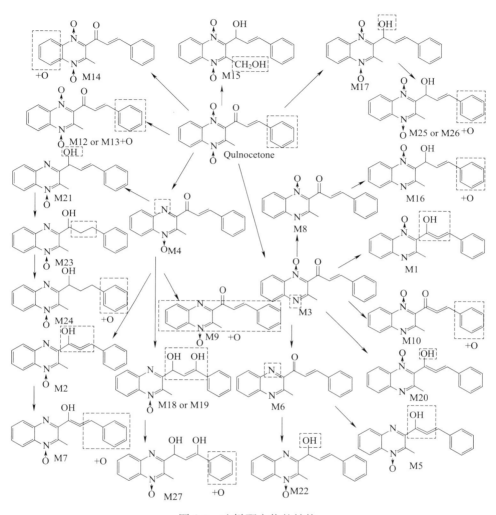

图 2-3 喹烯酮产物的结构

链羟基化；二是羟基化侧链的氧化，包括 1 位醇羟基氧化成羧基和 2 位羟甲基的氧化；三是甲硝唑与葡萄糖醛酸结合或甲硝唑与硫酸结合。

（3）抗真菌药与抗病毒药

灰黄霉素一般通过口服的方式服用，它在小肠的第一部分被吸收，当与高脂肪含量的食物共同服用时最容易被吸收，以聚乙二醇的固溶液服用时，可以达到最大吸收量，而微粉化也可以增加吸收量。研究动物口服^{36}Cl 标记的灰黄霉素后的分布及分泌物，发现被试动物尿液中含有大量放射性物质，而它们大多又不具有生物活性，并且其中只有少量是灰黄霉素，6-脱甲基灰黄霉素是灰黄霉素主要的代谢物。

利巴韦林（ribavirin，RBV）又名病毒唑，是一种嘌呤核苷类似物，为广谱抗病毒药。利巴韦林在动物体内代谢途径主要有两种：一种是可逆的磷酸化途径，这是利巴韦林表达活性的主要形式；另一种是去糖基化或酰胺水解途径。两个主要代谢物分别为 1H-1,2,4-三氮-3-甲酰胺（TCONH$_2$）、l-β-D-呋喃基核糖-三氮唑-3-羧酸（RTCOOH）。郑锌研究了利巴韦林在蛋鸡体内的药代动力学和血浆代谢规律。利巴韦林在蛋鸡体内主要代谢物为 RTCOOH，且所占比例为 80% 左右；而另一代谢产物 TCONH$_2$ 在两种代谢产物中所占比例呈现逐步上升过程，这表明，利巴韦林转化为 RTCOOH 的效率要比 TCONH$_2$高。利巴韦林在不同动物体内的代谢存在一定差异。大鼠口服或静脉注射利巴韦林后，2h 的时候 TCONH$_2$ 是主要代谢产物，且 24h 内尿液中 TCONH$_2$ 也是主要代谢产物，而 RTCOOH 很少。在恒河猴体内的研究也显示 TCONH$_2$是主要代谢产物。

3. 抗寄生虫药

吡喹酮（praziquantel，PZQ）是一种具有抗绦虫和抗血吸虫作用的广谱抗寄生虫药物。PZQ 在肝中代谢，产生单羟基化的代谢物。其分子上有一手性中心，故有一对对映异构体，临床用其消旋体，尽管驱虫活性主要与 R-（一）-对映体有关。Heiko 研究了 PZQ 对映体代谢物的不同。分别将两种对映体和外消旋体与分离的大鼠肝细胞一起温育。Meier 使用高效液相色谱-质谱法研究温育混合物，发现 PZQ 的两种对映体的主要代谢物分别为顺式和反式-4-羟基吡喹酮。在孵育 S-（十）-对映体后用质谱检测到还有其他未知结构的次要代谢物。

莫西菌素（moxidectin，MXD）是一种目前广泛用于兽医临床的广谱、高效、新型半合成的大环内酯类驱虫抗生素。试验表明，MXD 在牛体内的主要代谢产物为 C$_{29\sim30}$ 及 C$_{14}$ 位上羟甲基化产物，其次还有少量的单双羟基化和 O-脱甲基化产物，这几种物质约占 MXD 母药的 13.8%，血浆中的代谢产物与母药的比率比伊维菌素高。通过使用牛、绵羊、山羊、鹿、大鼠、猪和兔子的肝微粒体进行 ^{14}C-MXD 体外代谢研究，研究发现，在这几种动物中，^{14}C-MXD 主要通过 C$_{29}$ 和 C$_{14}$ 位上的羟化途径被代谢为羟甲基化产物 M1 和 M2。相较于牛（20.6%）、鹿（15.4%）、山羊（12.7%）、兔（7.0%）、大鼠（3.0%）的代谢程度，绵羊属于快代谢型（32.7%），猪属于慢代谢型，只有 0.8% 的代谢产物被检测到。其中，C$_{29}$ 上的羟甲基化产物是主要代谢物，CYP4503A 是催化 MXD 代谢的主要代谢酶。

伊维菌素（ivermectin，IVM）是高度脂溶性药物，具有较大的分布容积和较缓慢的消除过程，经口、皮下、肌内注射等途径给药，均可达到驱杀体内外寄生虫的疗效，且吸收迅速，分布广泛。按 0.2mg/kg 剂量用药后，在犬、牛、猪、羊体内的表观分布容积分别为 2.4L/kg、0.45～2.4L/kg、4.0L/kg、4.6L/kg，说明药物在不同种属的动物体内分布都十分广泛，可以广泛分布到大多数组织，包括胃肠道、肺、皮肤以及脂肪组织。放射性标记伊维菌素代谢研究表明，肝脏和脂肪组织是伊维菌素进行生物转化的两个主要场所，同时也是药物分布浓度最高、消除速度最为缓慢的两种组织。经肝代谢后，其代谢产物的极性较原药稍增强，在牛、绵羊和大鼠体内的主要代谢产物为 24-羟甲基-22，23-双氢阿维菌素 B_{1a} 及其单糖，以及 B_{1b} 同类物；在猪体内为 22，23-双氢阿维菌素 B_{1a} 和 B_{1b} 的 3′-O-脱甲基衍生物。脂肪中的代谢与肝脏中的代谢有所不同，其代谢产物的极性较原药略有降低，这种现象在药物代谢中是较为罕见的。脂肪组织中这些非极性代谢产物却又可经化学或生物转化而成为与肝脏代谢中相同的极性产物。这表明肝脏中的极性代谢产物可能源于脂肪组织中的非极性代谢产物。

阿苯达唑（albendazole，ABZ）和芬苯达唑（fenbendazole，FBZ）是苯并咪唑化合物，用作对抗胃肠线虫和绦虫幼虫的广谱驱虫药。经历广泛代谢以形成羟基和亚砜代谢物。CYP3A 和含氟化物的单加氧酶与亚砜代谢物形成有关。Wu 等使用人肝微粒体和重组细胞色素 P450 进行阿苯达唑和芬苯达唑羟基化代谢酶的研究，结果表明，阿苯达唑羟基化主要由 CYP2J2 催化，而芬苯达唑羟基化优先被 CYP2C19 和 CYP2J2 催化。

甲苯达唑（mebendazole，MBZ）是苯并咪唑类药物，用于治疗人和家畜肠道线虫感染以及两型棘球蚴病的治疗。口服甲苯达唑自胃肠道吸收，到达血液，并在通过肝脏时被代谢。据报道，在大鼠体内 83% 的甲苯达唑是在肝脏被转化为无活性的代谢产物。甲苯达唑在肝脏主要进行两相代谢，一相代谢指甲苯达唑在水解酶的作用下经过水解反应生成 2-氨基-5（6）-甲苯咪唑（MBZ-NH$_2$），甲苯达唑还能在酮还原酶的作用下经过羰基还原生成甲基-5（6）-［α-羟基苯］-2-苯并咪唑氨基甲酸酯（MBZ-OH），然后进一步经过水解反应生成 2-氨基-5（6）-［α-羟基苯］苯并咪唑（MBZ-OH-NH$_2$）；二相代谢指甲苯达唑原型药及一相代谢产物在尿酐二磷酸葡萄糖醛酸基转移酶等催化下，与葡萄糖醛酸和硫酸盐等结合，此时药物的极性增大，有利于排泄。在不同的动物中，甲苯达唑的代谢过程基本一致，只是代谢物的比例不同。有试验表明，一部分甲苯达唑在通过胃肠壁时即被代谢，而且在用大鼠离体空肠建立的模型中，甲苯达唑可在肠腔内代谢为 MBZ-NH$_2$ 和 MBZ-OH。

4. 其他兽药（化学类）

β-受体激动剂是指含氮激素中的苯乙胺类药物（phenethylamin，PEA），是天然的儿茶酚胺类化学合成的衍生物。β-受体激动剂口服或注射均易被机体吸收，在体内的主要代谢途径有：氧化脱胺、甲基化、乙酰化、轭合反应。克仑特罗［4-氨基-3，5-二氯-α-（叔氨甲基）苯乙醇］在猪和牛体内的主要代谢途径都是 N-氧化，生成了 N-羟基克仑特罗、亚硝基克仑特罗和硝基克仑特罗。同时，在牛肝微粒体中还发现 4-氨基-3，5-二氯苯甲酸和少量的 4-氨基-3，5-二氯-α-（2-羟基-1，1-二甲基）乙氨甲基苯乙醇，该代谢物很难在体内检测到。猪、牛口服同样剂量的克仑特罗，其在猪组织中的消除时间是牛的 10 倍，这与猪和牛体内 CYP 和黄素单加氧酶（FMO）的种属差异有关。

（二）兽药代谢研究的发展趋势

未来的兽医药物代谢研究将随着分子生物学、分子药理学、毒理学等相关学科的进展及新技术、新仪器的问世，向更加深入更加广阔的领域发展。其研究重点有以下几个方面。

1. 药物代谢与毒性的综合研究

毒性一直是兽药安全性研究的一个核心课题。研究兽药及其代谢产物对细胞和组织中蛋白、mRNA 水平的影响，可为阐明兽药的毒性作用机制提供重要的理论依据。更重要的是根据化学结构预测药物毒性，可以保障用药安全。这方面的工作已正在开展，现在正探索其规律性，有的已在实际应用中取得显著效果。如醋氨酚对肝脏的毒性是由于其在体内经 CYP450 及过氧化酶的氧化催化生成醌亚胺或醌，后两者可与机体细胞组分形成难解离的共价化合物。通过对代谢与毒性的综合研究发现，在不影响药效的前提下，将醋氨酚分子做适当改变以阻滞过氧化反应，可降低肝毒性反应，如在氨基上加甲基将使药物对肝的毒性大为减小。

2. 细胞色素 P450 酶系统仍然是研究的重要课题

细胞色素 P450（CYP450）酶系与药物代谢的关系最密切，它属于 B 族细胞色素，主要存在于动物肝脏微粒体。CYP450 酶系活性可受外源化合物影响，药物对 CYP450 酶系活性可产生抑制或诱导作用。影响酶活性的药物与其他需经 CYP450 代谢的药物联合应用时，会影响后者药物的代谢特征，从而产生药物间的相互作用，导致疗效欠佳或引发不良副反应，严重者导致动物死亡。例如，红霉素等与抗凝药华法林、抗结核药利福平、抗过敏药阿司咪唑等合用可出现代谢干扰，或影响疗效，或发生不良反应。不同种属动物的肝 P450 同工酶在众多方面不同，对药物的代谢能力呈现明显差异，CYP450 是引起兽药代谢动物种属差异的重要原因，研究不同动物的 CYP450，可为兽药比较代谢研究提供重要的参考依据。对于动物 CYP450 的研究主要集中在以下 3 方面：比较动物 CYP450 对底物的特异性和抑制剂对 CYP450 抑制的特异性；分离纯化动物 CYP450 同工酶或用 cDNA 重组表达的方法获得动物代谢酶；动物 CYP450 基因表达机制及 CYP450 结构、功能和三维结构的 X 射线衍射分析。

3. 药物在动物体内外的代谢产物研究

（1）药物结构-代谢-活性之间的相关规律性研究

这方面研究国外刚起步。其不局限于药理学范畴，还可提供酶、核酸、受体等生物大分子结构与功能的重要信息。另外，还涉及药物立体结构选择性代谢与转运。很多兽药存在手性中心或代谢后存在手性中心，不同光学异构体的活性存在很大差别。可利用手性拆分和分离技术，对兽药及其代谢物的异构体的比例进行确定。

（2）不同结构药物及其代谢产物的处置特征及其规律性

对于代谢比较复杂的药物，应搞清其在体内的代谢转化过程，以减少药动学研究时的盲目性。在原药与代谢物都具药理效应或者是代谢物起主要作用时，必须建立全面的分析检测方法，包括原药与活性产物测定的全套数据，以真实地评价药物的实际作用程度。

4. 兽药代谢方法研究

（1）体外试验法

药物代谢酶的研究随着生物学技术的进展，近年来得到很大发展，体外药物代谢研究方法（in vitro study），往往采用哺乳动物如大鼠等作为基础代谢研究对象。常用的方法有：肝微粒体法、肝灌流法、肝切片法、肝细胞培养法、肝亚细胞成分研究方法和纯化的重组药物代谢酶研究系统。体外代谢法广泛应用于药物的代谢途径、体内代谢清除及药物间相互作用研究等，应根据不同的要求和目的分别选择应用。体外肝代谢研究可针对先导化合物代谢过快或生成毒性代谢物的特性进行结构改造，以获得安全稳定的候选物，根据候选物的代谢特征（如药酶诱导、抑制，参与代谢的药酶种类，活性代谢物的生成等）确定药物的开发应用价值，因而具有广阔的应用前景。今后，随着研究的不断深入，药物体外肝代谢研究将不断完善，进一步发挥其价值。

（2）体内试验法

体内试验（in vivo study），可采用体内探针药物或用内源性物质的代谢来表征体内代谢酶的活性，找出药物代谢与某些代谢酶活性的相关性。体内试验中运用相应选择性探针对药物代谢中主要的 CYP450 同工酶进行研究，包括 CYP1A2、CYP2C19、CYP2D6、CYP2E1 和 CYP3A4，在给予受试药物后再给予探针药物可以反映受试药物对 CYP450 亚型酶的诱导或抑制作用。

药物在体内的许多动力学特性，包括药物的半衰期、清除率和生物利用度均与参与其代谢的 CY-P450 酶有关。因此，用特定的选择性探针药物来鉴别动物的代谢表型以及评价某种药物对药酶的诱导和抑制效应，可通过药物代谢的药动学参数来评价。药动学参数的变化可间接反映肝脏对药物的代谢情况。通常情况下，可通过考察药代动力学参数（如药物半衰期）的变化来评价药物对肝细胞色素 P450 酶的影响。

5. 新的药物检测方法和技术的应用

药物检测的方法和技术是兽药代谢研究的重要环节，近年来采用了一些灵敏度高、科学性强的技术和测量方法，主要有：①放射性示踪技术，这种技术在兽药代谢物及其化学结构的确定方面已经得到广泛应用，尤其是在未知代谢物的发现、鉴定方面被国内外各兽药安全评价机构推荐使用。Huang 等采用 ^{3}H-乙酰甲喹在大鼠、猪和鸡体内进行了药物代谢研究，大鼠体内共鉴定了11 种代谢物。光二极管阵列检测器是依靠检测药物的光谱并结合计算机分析来检测残留物的一种仪器，也是目前为止较为精确、先进且使用范围较广的一种方法。②免疫分析技术，这种测量技术具有很强的选择性并且灵敏度也十分高，所以有较好的发展前景。③联用技术，这种技术通过对色谱柱上需要的药物进行分析，对不要的药物直接舍去可减少干扰，提高药物检测的准确性，同时也大大缩短了检测药物所需要的时间。此外，还有磷光和荧光技术、高效液相色谱法、气相-质谱联用法、液相-质谱联用法、液相-核磁联用法、毛细管电泳-核磁联用法等，现在又有一项新技术——超高效液相色谱应用于药物代谢研究领域。每种技术都有特定的应用领域，也有各自的优点和缺点，要结合具体情况进行分析，选择针对性强、测量准确有效的技术方法，这样才能各取所需，以便发挥测量技术本身的优势。

6. 量子化学在药物代谢研究中的应用

现代量子化学、立体化学、计算化学等为药物或代谢物分子的精细结构提供了有力的研究手段和具体详尽的描述方法。应用量子化学理论计算药物与代谢物相对能量的变化，以估计此代谢反应能否进行；应用分子轨道法计算药物分子中各化学键的键级，用以估测代谢反应的途径与组成等。这种代谢转化的信息非常有助于寻找作用强、毒性小的药物，还可探索药物作用机制。

二、我国兽药代谢研究中存在的问题

目前，我国的动物性药物代谢研究严重滞后。20 世纪以来，由于新药的开发缓慢，人们对兽药代谢的研究极少。主要研究的内容大多为药物在体内的代谢途径、代谢产物与代谢酶，而这些研究不够系统，也不够深入。

1. 兽药代谢基础研究落后

药物的代谢研究在新兽药的开发过程中有助于获得安全、有效的兽药，降低候选兽药的淘汰率。每开发一种新兽药，都要对其进行代谢研究，了解其在体内的生物转化过程。然而目前我国新兽药的研发严重滞后，没有新兽药，则直接导致兽药代谢研究整体落后，如 P450 基因组、代谢组的研究目前仍处于初级阶段，兽药代谢与毒理学的研究还不够深入。

2. 未对已上市的兽药开展必要的代谢毒理学研究

兽药在动物体内可代谢为毒性代谢物，如呋喃唑酮的代谢物 AOZ 具有致癌性。但是在呋喃唑酮刚开始被应用于临床时却未对其进行必要的代谢毒理学研究。2002 年，我国出口到欧盟的虾查出硝基呋喃阳性，欧盟通报所有出口国检测呋喃类药物，中国、美国、日本也相继禁止在食用动物中使用呋喃类药物作为生长剂和杀菌剂。我国对这些已上市的兽药未进行后续跟踪研究，未开展必要的代谢、毒理学继续研究，如一旦发生相关毒害事件，政府和科研部门都缺乏研究基础和必要的毒害预测能力。

3. 兽药代谢研究的种属不够全面

我国存在大量特种动物养殖，包括特种禽类、特种兽类和特种水产养殖，如梅花鹿、马鹿、肉犬、肉兔、小型猪、竹鼠、蛇、蛤蚧、肉鸽、鹌鹑、火鸡、山鸡、野鸭、野鹅、鸵鸟、孔雀等。然而在新兽药开发过程中，几乎未在这些动物体内进行过代谢研究。同一兽药在不同种属的代谢方式和代谢途径不同，所形成的代谢物也不尽相同。另外，兽药所产生的毒性有种属依赖性。因此，在这些未进行过代谢研究的动物种属体内用药时则可能会产生毒性效应或残留超标。

4. 中药的使用对化学药的影响

我国动物用药伴随着大量中药的使用，中药成分复杂，在动物体内进行代谢后可对代谢酶产生诱导或抑制。当中药与化学药联合应用时，可能会导致同服药物的药代动力学性质发生改变。而目前中药的使用对化学药物代谢的影响几乎未见研究。

5. 药物与药物之间相互作用的研究比较落后

目前，在临床上单独用某一种兽药的情况很少，多数情况下都是多种兽药联合使用。在联合使用的过程中即发生药物与药物之间的相互作用，而这种相互作用对药效和毒副反应的影响很大。其中，代谢酶的诱导和抑制对药物作用的影响最显著。但目前对药物之间相互作用的研究尚未得到充分关注。

6. 耐药性的发展

随着耐药性的发展，尤其是动物肠道耐药菌的存在，是否对化学药物代谢及残留产生影响尚无研究。

三、兽药代谢、残留分析研究发展趋势

1. 扩大兽药在各种属动物上的代谢研究

同一兽药在不同种属动物的代谢方式和代谢途径不同，所形成的代谢物也不尽相同。兽药的毒性研究结果表明，兽药所产生的毒性有种属依赖性，即一种兽药在不同种属动物间的毒性是不同的，这种差异有量的差异和质的差异。而目前对于药物的代谢研究仅仅局限于畜禽中的几种动物，但实际用药过程中，仍有许多其他特种动物也在使用这些药物，这就造成代谢途径不清楚，代谢物不明确，有可能会产生毒性效应和残留。因此，要尽可能扩大兽药在各种属动物上的代谢研究。可通过药物体外肝代谢研究方法（肝微粒体法、肝灌流法、肝切片法等）、体内代谢研究方法对兽药在各种属动物体内的代谢产物、代谢途径以及代谢酶进行系统性研究。

2. 多种兽药的相互作用机制研究

联合用药已成为兽医临床上一种重要的治疗手段，因此兽药间的相互作用研究也显得格外重要。兽药的体内相互作用包括药效学相互作用及药动学相互作用。大多数情况下，选择药物合用是为了利用其药效学的协同作用或减小副作用，但却往往伴有吸收、分布、代谢、清除环节的药动学相互作用。这其中，代谢酶的诱导和抑制对药物作用的影响最显著，约占药动学相互作用的40%。药物代谢过程的相互作用对药效和毒副反应的影响很大，须从多个方面综合考虑，如药物与酶发生作用的性质、抑制或诱导作用的强弱、药物经此酶代谢的程度、治疗指数高低、代谢产物的活性等，以确保用药的安全和有效，避免中毒及残留发生。

3. 动物的代谢机制与毒理学的关系研究亟待开展

毒性一直是兽药安全性研究的一个核心课题。兽药代谢的快慢影响其毒性大小，如噻苯咪唑吸收快，能不可逆地与蛋白结合，因而其在代谢慢的动物体内的毒性大。研究乙酰甲喹对大鼠的氧化应激毒性时，同时在肝和脾组织中检测出了高含量的代谢产物，但未检测出原型，表明乙酰甲喹的毒性与其代谢存在密切关系。目前，采用毒理学和分析化学相结合的方法，同时检测兽药在动物体内的毒性和代谢产物，有利于发现潜在毒性代谢物或活性代谢物。对新开发的兽药应进行全面详细的代谢机制与毒理学评价，已上市的兽药应开展必要的代谢机制与毒理学继续研究。

4. 兽药残留分析的质量控制和评价体系的完善

动物性食品中兽药残留问题一直是政府和消费者关注的热点，兽药残留量的准确测定依赖于有效的分析方法和可靠的质量控制。实验室能力验证是评价和提升实验室检测能力的有效手段。无论是实验室内部的质量控制还是外部的实验室能力验证，都必须以满足数据一致性评价的测试材料为基础。欧盟法规在 2002 年就要求以基体标准物质进行方法学参数的评价，经过 10 多年的发展，欧美发达国家研制了一系列兽药基体标准物质，开展的实验室能力验证也基本实现以基体标准物质或实际污染的参考物质为实验材料。美国国家标准与技术研究院（NIST）、英国弗帕斯研究所（FAPAS）、欧盟标准物质与计量研究院（IRMM）等机构实际已经成为基体标准物质和实验室能力验证的权威提供者，国内实验室纷纷以参加并通过其组织的国际实验室能力验证为体现自身检测能力的重要指标。国内的实验室质量控制和能力验证的实验材料，仍然采取空白基质添加药物的方式制备，不仅与真实样品状态不符，而且极易因人为操作导致数据评价出现偏差。近几年，我国也逐渐开始加大兽药基体标准物质的研制，但是此项工作难度很大，周期较长，目前已经发布的有证的兽药基体标准物质不足 10 种，而且已有的基体标准物质存在特性量和基体种类单一、量值水平偏高等问题。因此，基体标准物质的匮乏已经成为我国兽药残留检测的质量控制和数据一致性评价体系的主要瓶颈之一。

兽药残留标示物标准物质属于化学对照品的范畴。兽药残留标示物为兽药残留检测的必检化合物，有的为原型药物，有的为兽药在体内的代谢物。兽药残留标示物化学对照品主要用于兽药的残留监控和代谢研究。制备兽药残留标示物标准物质对于兽药的残留监控和代谢研究具有重要意义。目前，有许多兽药残留标示物依赖进口，价格很高。国内对这方面的重视不足，且国内尚未有兽药化学对照品制备的标准。

加快我国兽药基体标准物质和兽药残留标示物的研制，可以从共性制备技术和单项产品两个方向推进。一方面，针对不同的动物基质和兽药残留标示物，研究标准物质研制中的共性技术，形成制备技术规范，解决标准物质研制过程中候选物筛选、稳定性控制、定植等技术难点，为大批量制备各类动物基体标准物质和残留标示物奠定基础。另一方面，围绕国家农产品质量安全例行监测、风险评估等监控计划中的重点监测药物和禁用药物，尽快立项相应基体标准物质、残留标示物的研制，使之与监控计划相匹配，推动我国兽药残留检测中实验室质量控制和能力验证由实验室内部制备空白添加样向应用基体标准物质的转变。

5. 兽药代谢及残留分析新材料新方法的研制和开发

我国是动物源性食品生产和消费大国，国家各级兽药残留检测机构面临的样品数量巨大，快速检测技术和产品能够高灵敏、高通量地有效筛查大量样品，是兽药残留检测的重要技术手段。我国经过 10 余年的发展，在兽药残留快速检测领域已经取得长足进步，从快检产品完全依赖进口到我国自主产品逐渐占领市场，打破了国外的技术垄断，但是仍有许多环节亟待加强。一是建立新型抗体资源库。抗体是发展快速检测技术的物质基础，在传统单克隆抗体制备技术的基础上，通过对融合、克隆、传代等条件进行整体研究，制备出超灵敏和超广谱识别的新型抗体，并覆盖所有重点监控的兽药种类和潜在的化学风险因子。二是研制现场快速检测产品，运用荧光量子点标记、化学发光等技术，开发便携式超快速检测产品，能够应用于生产流水线、超市等生产、生活现场，满足更多现场快速检测需求。

兽药残留的确证分析主要包括样品前处理和仪器确证分析，而在近 10 年分析仪器迅猛发展的背景下，样品前处理新方法和新材料的开发显得尤为重要。兽药残留分析中的样品前处理占了整个过程中 70％左右的工作量，而且一份样品如果需要检测不同类的药物，就需要重复处理多次，费时费力，因此由目前的单类药物多残留的检测方法转变为多类药物多残留的检测方法是必然趋势。超高效液相色谱-串联质谱已经能够轻松实现对多类药物的同时检测，但是不同种类的兽药其理化性质可能存在较大差异，很难进行同步提取和净化，导致多类多残留检测方法的开发难度极大。现阶段，可以把性质相近而能够同步检测的有限种类药物分别合并，优化并建立检测方法，即使一个方法只能同步检测 2～3 类药物，也已经成倍地提高了样品的通量。另外，研究开发基于新型纳米材料、免疫生物材料等识别、富集、净化样品的前处理材料，研发自动提取、浓缩净化、自动分离等样品制备技术及其智能化设备，提高样品前处理的自动化程度。

6. 最大残留限量的制定和补充

我国兽药毒理学数据严重匮乏，无法为最大残留限量的制定提供科学依据。兽药最大残留限量的制定依赖于大量可靠的毒理学数据确定无观察作用剂量（NOEL）和每日允许摄入量（ADI）。NOEL 的确定是制定兽药最高残留限量的关键。其中毒理学上 NOEL 的确定需要开展一系列的毒理学试验，对兽药的急性、亚慢性、繁殖/致畸、遗传毒性等进行系统评价。而我国诸多老药未开展系统的毒理学研究或试验时采用的动物数、剂量等不符合食品安全评价指南。而这无疑严重限制了兽药最大残留限量制定工作的开展。

我国的动物源性食品中兽药残留安全限量标准严重滞后，多个兽药产品已批准使用但无残留安全限量。我国已经正式发布的兽药最大残留限量基本照搬国际食品法典委员会或者欧美国家制定的最大残留限量，但是西方国家的饮食习惯与我国有较大差异，直接使用按照西方人的食物消费系数得出的最大残留限量是否合适仍然有待商榷。另外，由于西方人基本不食用心、肺、小肠、大肠等动物内脏，这些动物组织中的兽药最大残留限量一直没有建立。但是，我国消费者对于心、肺、肠等可食性组织的消费量并不低，这些内脏组织中兽药的最大残留限量亟待制定，不但可以保障我国消费者的食品安全和健康，还能作为国际贸易中保护我国相关产业的技术壁垒。兽药残留安全限量的制定不同于其他标准，涉及毒性评价、代谢、残留消除等动物试验，需要喂养和屠宰大量动物，费用高，劳动强度大，研制周期长（3～4 年），项目经费需要充分的保障。鉴于兽药最大残留限量的制定难度较大，建议全国兽药残留专家委员会组织专家讨论最大残留限量制定的短期和长期规划及方案，尽快立项并指派领域内的权威研究机构开展相关研究工作。

第五节　耐药性防控技术研究动态

一、寄生虫耐药性防控技术研究动态

寄生虫是具有致病性的低等真核生物，其特征为依附于宿主而获取维持其生存、发育或者繁殖所需的营养。寄生虫的感染一方面可以改变寄主的行为，以达到自身更好地繁殖生存的目的；另一方面也可以因寄生环境的影响而自身发生形态构造变化和生理功能的变化。寄生虫的感染对宿主造成各种不同程度的危害，导致机体的营养不良、组织器官的损伤以及毒性和过敏反应等，至今依然是严重危害人体健康和畜禽业的生产的重要感染性疾病和普遍存在的公共卫生问题，因此，寄生虫病的防治具有重要的意义。

寄生虫病的防治主要依赖于药物，寄生虫病主要是原虫病和蠕虫病，原虫病包括疟疾、阿米巴病、利什曼病等，蠕虫病包括吸虫病、丝虫病和线虫病等，抗寄生虫病药物大体上分为抗原虫药和抗蠕虫药。寄生虫病的临床防治主要依赖于化学药物。因此，由于临床药物的长期大剂量超剂量使用，许多的寄生虫通过自身的适应性改变等，均已报道有耐药性的出现，耐药虫株的出现和普遍存在给寄生虫病的防治带来了重大的挑战，直接威胁人类的安全和畜禽业的健康发展。因此，寄生虫耐药性的防控技术伴随药物开发成了近年来关注的热点，各种药物的耐药机制得到了一定的揭示，多种防控技术的推广应用，在一定程度上改善了寄生虫耐药的现状，但总体而言，随着人类活动范围的扩大和交往的增加，寄生虫的耐药性问题将日趋严峻和复杂，需要更多的关注和提前的布局安排，以更好地保障人类和畜禽养殖业的可持续健康发展。

1. 寄生虫耐药性概况

以 20 世纪 30 年代奎宁的化学合成和临床应用为里程碑，一系列化学抗寄生虫药物的开发和使用，在寄生虫病的防治中起到了决定性的作用，然而伴随着化学合成抗寄生虫药物的大规模使用，从 20 世纪 50 年代报道奎宁的耐药性开始，寄生虫的耐药性问题日益严峻，有些药物已然基本无效，因此，耐药性问题已经成为人类迫切需要面对的威胁之一。

由于寄生虫一般必须依赖于宿主才能繁殖和生长，不能像细菌那样在体外分离培养，因此寄生虫耐药性的检测仍然比较困难。常用方法为粪便虫卵计数法，即通过计算用抗虫药物前后家畜排出粪便中所含虫卵的数量，来评估寄生虫对药物的反应和耐药性的一种方法。然而其具有很大的局限性：①此方法是通过对排卵数量进行计数，因此只能检查雌性虫体。②由于受虫体之间的生物性差异、排卵数量的多少及时间等因素的影响，有些线虫的数据相关性较差。③当耐药虫株比例小于 25％时，该方法的检测结果不可信。虫卵孵化分析法是一种研究耐药性的体外试验，用于定性、定量评价药物对寄生虫第 1 期或第 3 期幼虫的效果，但是与粪便虫卵计数法具有相同的缺点，即当寄生蠕虫群体中耐药虫株比例大于 25％时，才能检测到耐药性。幼虫麻痹、迁移、运动法利用幼虫麻痹作为衡量虫体耐药性的标准，是检测左旋咪唑类药物耐药性的体外试验。此方法需选用适当发育阶段的幼虫，否则可能存在幼虫麻痹后苏醒现象，并且对于原虫等寄生虫难以应用。当前虽然分子生物学提供了一种适用于体内和体外检测寄生虫耐药性的方法，也可以克服传统方法的一些局限性，但其判断标准本身也存在问题，因此分子诊断方法主要用于了解耐药性的发生机制。

众所周知，寄生虫与宿主的关系异常复杂，寄生虫的耐药性形成本质上是病原体对外部环境适应性生存的结果，任何一个因素都不是孤立的，不宜过分强调。了解寄生关系的实质以及寄生虫与宿主的相互影响是认识寄生虫病发生发展规律的基础，是寄生虫病防治的根据。当前寄生虫对一种或几种广谱驱虫药的耐药性已经普遍存在，要保证可用的化合物能够持续有效地用于疾病控制，正确合理用药最为关键。寄生虫的耐药性控制是一个系统工程，灵敏、快速的耐药性检测方法与其应用方式结合，早期诊断、早期治疗，可以减少和阻断寄生虫的传播和耐药性的扩散。通过对现有药物剂型的改进和优化，可以改善药物分布，提高疗效和活性。口服药物的溶解性是关键因素之一，只有在胃肠道溶解才易吸收。注射等全身给药主要通过肠道分泌过程，使药物接触肠道内的虫体。不同作用机制的联合用药复方制剂，可以延缓耐药和药物的寿命等。此外，基于新型作用靶点和耐药机制的新药药物开发是应对耐药性的根本策略之一。

寄生虫病的临床治疗失败主要是因为其耐药性的存在，耐药使其感染的治疗和防控变得复杂，特别是复杂的多重耐药问题。例如，在疟疾的防控中，由于耐药性已经有普遍报道，而新药等还在研发的路上，所以当前主要是采用基于青蒿素的鸡尾酒疗法，要求尽量限制单独用药，目的是提高治疗质量，延缓和减少耐药虫株的产生。而对于某些类别的药物耐药现象，可以探索利用其他类型的化合物逆转寄生虫的已有耐药性，如维拉帕米在机体可兼表现有亲脂性和带正电荷，有利于氯喹和靶蛋白 PfCRT 的结合，从而延缓药物从食物空泡中的排出，逆转寄生虫对氯喹的耐药性。能耐受氯喹和青蒿素类药物的恶性疟原虫多药耐药基因（plasmodium falciparum multidrug-resistance gene，pfmdr1）突变，部分可通过药物联合使用的方式，逆转恶性疟原虫 ABC 转运体（pgh1）介导的耐药。此外，与泵出机制相关，通过特异性抑制剂减少硫醇的生物合成，可以逆转利什曼原虫对 ATP-结合盒式转运蛋白（PGPA）介导的锑剂的耐药机制。

此外，利用宿主寄生虫环境的关系，进一步了解药物的药理学特性，有助于实施更有效的防控。进一步了解应用现有大类化合物的药动药效机制，可以得到足够的药物剂量和时间数据，更好地利用不同的药代特性，对于不同寄生部位的虫体有效性有重要影响。持续的新药开发研究，特别是基于全新靶点的新药研究，可以较好地解决现有药物的耐药性问题，而基于现有药物的用药策略可以借鉴抗菌药物的分级使用原则，在耐药性严重和不得已的前提下才使用某些特效药物，可以延缓耐药性产生和药物的有效生命期。

2. 寄生虫耐药机制和耐药形成机制

寄生虫耐药性的形成是病原体对外部环境适应性生存的结果，表现为虫体某些结构功能、生理功能、代谢行为和分子靶标的改变，导致药物不能识别到靶标或被排出虫体外等而降低药效甚至失效，具体因各种药物而各异，其中代谢酶转运行为改变是寄生虫抵抗药物化学毒性的主要方式，寄生虫耐药的产生通常是渐进的，初期伴随着某些区域的虫体清除的延迟，局部的流行增加，进而可能导致完全的药物失效。寄生虫的耐药现象虽然在蠕虫也有普遍的存在报道，但其在原虫中的表现更加突出，对人畜的危害也更为严重。

寄生虫的耐药已经是普遍的现象，寄生虫药物作用分子和耐药分子机制的研究，可以增加药物和靶标分子水平作用的了解，有助于结构功能分析和设计出针对性抑制剂等，耐药性的研究可有助于增加药物的有效性和延缓药物使用寿命，一旦掌握了药物的耐药机理，可以开发特定的快速诊断方法，如已经成功应用于疟疾的检测疟原虫抗叶酸和氯喹的耐药等方法，可制定出针对性的化学治疗和干预措施，或针对性地研制新药。疟原虫的耐药机制可能在其他寄生虫中也同样存在，进行药物的有效性和耐药性的检测和监控，还可以帮助了解特定地理株的耐药流行程度，可以防止无效药物的使用和药物滥用对宿主的毒性作用，可为减少或避免耐药性的产生奠定基础。随着基因组学和蛋白质组学技术的发展，将有助于研究人员更好地了解药物的作用机制和耐药机制，有利于更好地控制寄生虫病。

耐药性的形成通常被认为是生物体适应性突变的结果，是渐进的，初期伴随着某些区域的虫体清除的延迟，局部的流行增加，进而导致完全的药物失效。虽然目前对常用药物的作用机制和耐药机制有一定的了解，但总体上受寄生虫本身生活史的复杂性和实验室体外实验平台的限制，抗寄生虫药物的耐药机制大部分停留在基于部分试验数据推测的可能，真正经试验验证的某些耐药机制主要集中在抗疟疾和抗弓形虫的一线药物中，事实上多数抗寄生虫药物的耐药机制尚未可知或尚未验证，其研究有待进一步加强。

3. 寄生虫耐药防控技术

抗寄生虫药物主要分为抗原虫药物和抗蠕虫药物。抗原虫药物主要包括聚醚类抗生素、磺胺类、硝基苯酰胺类、喹诺啉类、三嗪类、吡啶类抗球虫药物，奎宁类、青蒿素类抗疟药物，硝基咪唑类抗滴虫药物，以及其他抗锥虫和弓形虫等的药物。抗蠕虫药物主要有阿维菌素类、苯并咪唑类抗线虫药物，以及吡喹酮等抗绦虫药物。这些药物的作用机制各异，例如，左旋咪唑主要抑制虫体内琥珀酸脱氢酶活性，能制约虫体内肌肉的氧代谢，从根本上达到驱虫的效果；苯并咪唑类通常能有效在微管蛋白聚合前与微管蛋白结合，阻止微管蛋白组装，引起虫体代谢障碍，影响虫体发育，导致虫体死亡；锥灭定可以抑制锥虫 DNA 和 RNA 聚合酶，阻碍核酸的形成。已知的寄生虫耐药性形成主要是由于虫体对外部环境适应性生存的结果，表现为虫体结构功能和生理功能的改变和某些分子靶标等的改变，导致药物不能识别到靶标而失效；也可能为某些虫体代谢酶和转运行为的改变，导致药物的失活或被排出虫体外等，具体每种药物各异。

由于药物耐药性的普遍出现和药物残留食品安全等原因，一些抗虫药物的使用受到限制，因此，新型药物的开发一直没有停止。据报道，新型结构的阿维菌素类化合物具有良好的体内外抗虫活性，新型结构的青蒿素衍生物、新型结构的三氯生衍生物、新型氟喹诺酮类衍生物、基于虫体钙依赖蛋白的抑制剂等新药研发也在进行中，据报道均有一定的抗虫活性和开发前景。但受研发难度和成本的制约，抗寄生虫药物的开发出现了明显的减速，近几年一直未见有基于新作用方式的突破性的新药问世。

我国在抗寄生虫新药研究和耐药性研究方面曾经取得傲人的成绩，青蒿素至今还是抗疟疾不可替代的一线药物，但其耐药已经有普遍的报道，我国当前在该领域的相对优势依然是基于传统中药的新药开发策略和具有独特功效的中药和中药防控技术，中药的多靶点作用可以延缓耐药性的产生。主要不足在于对寄生虫生物学以及药物作用机制和耐药机制的基础研究相对薄弱，缺乏新的基础理论支撑，在针对性的耐药性防控中存在明显的不足。为此，应强化耐药机制和寄生虫生物学等的基础性研究，真正了解寄生虫和不同抗虫药物的耐药机制，选择针对性的防控策略，更好地发挥药物的防控作用。

二、病原菌耐药性防控技术研究动态

自 1909 年奥地利科学家首先报道磺胺类药物，1932 年德国科学家第一个将合成磺胺类药物百浪多息应用于临床以来，抗菌药物的研发在整个药物研发领域占据重要地位。由于抗生素的广泛使用和不合理的应用，微生物的耐药问题日趋严重，特别是研究人员发现的"超级细菌"，对当前所有临床应用的抗生素都具有耐药性。近 40 年来，新抗生素的发现速度明显放缓，对于耐药病原菌感染，临床可用的抗生素新药越来越少。日趋严重的病原菌耐药性和多药耐药微生物的快速蔓延更是将人类逼到了几近无药可用的地步。因此，针对病原菌耐药机制的基础研究以及基于此的耐药防控技术的研究显得尤为紧迫。

（一）病原菌耐药机制研究进展

自青霉素应用以来，抗生素的发展极为迅速，为人类及动植物健康做出了很大的贡献，但随着抗生素的大量及不规范使用，导致细菌耐药性的产生，给临床治疗细菌性疾病带来了很大困难。畜禽病原菌对临床应用的主要抗生素的耐药机制包括以下几个方面：

1. 酶对抗生素的修饰或破坏

（1）β-内酰胺酶水解抗生素

细菌可以通过质粒介导或染色体突变产生 β-内酰胺酶，其表达产物 β-内酰胺酶通过水解破坏 β-内酰胺环，使抗生素失活，这是大多数致病菌对 β-内酰胺类抗生素产生耐药性的主要机制。现已发现的 β-内酰胺酶有 200 种以上，所有的 β-内酰胺酶都可打开常见的青霉素类、头孢菌素类、碳青霉素类（亚胺培南和美罗培南）和单环类（氨曲南）中的 β-内酰胺四元环。在细菌对 β-内酰胺类抗生素耐药的机制中，临床上约 80％的病原菌的耐药性与 β-内酰胺酶的产生有关。

然而，β-内酰胺酶的地位在革兰氏阳性菌和革兰氏阴性菌中是不同的。革兰氏阳性菌产生的 β-内酰胺酶，以金黄色葡萄球菌产生的青霉素酶最重要，70％～90％菌株耐药性与青霉素酶产生有关。在肠球菌中很少发现产 β-内酰胺酶的菌株。而革兰氏阴性菌产生的 β-内酰胺酶按产生部位可分为染色体上基因介导的 β-内酰胺酶和质粒携带基因介导的 β-内酰胺酶两类。阴沟肠杆菌、沙雷氏菌、柠檬酸菌、吲哚阳性变形杆菌、铜绿假单胞菌和拟杆菌均可以通过染色体介导的 AmpC-β-内酰胺酶产生耐药性。氨基青霉素、第一代头孢菌素以及克拉维酸均是 β-内酰胺酶的强诱导剂，并对 β-内酰胺酶的水解更为敏感。

质粒携带基因介导的 β-内酰胺酶的特点是可以水解青霉素类和头孢菌素类

抗生素，在许多菌种中可产生并且浓度很高。近年来发现的超广谱β-内酰胺酶（extended-spectrum-β-lactamase，ESBL）就是指由质粒介导的能赋予细菌对多类β-内酰胺类抗生素耐药的一类酶。除β-内酰胺类抗生素外，ESBL 还与其他抗生素如氨基糖苷类、喹诺酮类的耐药有关。

（2）钝化酶对抗生素的修饰

很多对氨基糖苷类抗生素产生耐药的细菌，其主要耐药机制是产生各种不同的钝化酶。此类酶与β-内酰胺酶类抗菌药物活性分子的作用机制不同，能将氨基糖苷类抗生素的游离氨基乙酰化、游离羟基磷酸化或核苷化，使药物不易进入细菌体内，也不易与细菌内靶位（核糖体 30S 亚基）结合，从而失去抑制蛋白质合成的能力。目前已经在许多氨基糖苷类抗菌药物耐药菌中发现了各种不同特性的钝化酶如乙酰化酶、磷酸化酶、腺苷化酶，根据所作用的氨基糖苷类品种的不同和作用部位的不同，可分为氨基糖苷磷酸转移酶、氨基糖苷乙酰转移酶和氨基糖苷类核苷转移酶等许多种，分别通过磷酸化作用、乙酰化作用、核苷化作用灭活此类抗菌药物。

除了氨基糖苷类钝化酶外还有红霉素类钝化酶（MSL）和氯霉素酰基转移酶。对红霉素具有高度耐受性的肠杆菌属、大肠杆菌中存在红霉素钝化酶，可水解红霉素和竹桃霉素的大环内酯结构，主要包括红霉素酯酶、红霉素磷酸转移酶、维吉尼亚霉素酰基转移酶。氯霉素酰基转移酶也称为氯霉素钝化酶，是酰基转移酶（CAT）。该酶存在于葡萄球菌、D 组链球菌、肺炎链球菌、肠杆菌属和奈瑟氏球菌中，能使氯霉素失去抗菌活性，其编码基因可以定位在染色体上，也可以定位在质粒上。

2. 膜通透性改变，减少抗菌药物进入细菌细胞

由于革兰氏阴性菌的膜通透能力变化较大，能对大分子及疏水性化合物的穿透形成有效屏障。如果革兰氏阴性菌细胞膜通透性降低，阻碍抗生素进入细胞内膜靶位，即改变细胞外蛋白，减少抗生素的吸收。外膜通透性降低导致细菌耐药性主要由于：膜孔蛋白缺陷、多向性突变、特异性通道的改变和脂质双层改变。如大肠杆菌由于外膜蛋白 F（OmpF）的缺失，致使某些药物失去抗菌作用，引起 OmpF 缺失的机制主要是细菌染色体的 mar 区基因突变。外膜屏障使细菌对抗菌药物产生不同程度的固有耐药性，而且外膜屏障与β-内酰胺酶具有明显的协同作用，即通透性降低的作用可使有效的酶灭活系统加强。

近年来，因外膜通透性降低而出现的耐药性已越来越多，如铜绿假单胞菌对β-内酰胺类抗生素有耐药性也是有效通透屏障和多重外排转运相结合的结果，铜绿假单胞菌较低的外膜通透性表明膜孔蛋白孔道狭窄。某些抗菌药物如果在细胞中积累到一定程度时，便会通过质子梯度依赖性主动排出系统泵出。细菌（如铜绿假单胞菌）对多种抗生素耐药与其低的孔蛋白分子数量相关，因基因突变而导致现有孔蛋白形状或数量的改变将进一步影响对抗生素的通透性。

3. 细菌外排泵能主动外排抗生素

存在于细菌细胞膜上的一类通道蛋白在能量支持下，可将药物选择性或非选择性地排出细胞。在多种细菌中，已发现各种各样的主动外排系统，对革兰氏阴性菌中外排泵的研究最为详尽。由于膜蛋白可将许多不同结构的抗生素排出菌体，从而容易造成细菌的多重耐药。在细菌中，已发现越来越多的主动外排系统，与细菌的外膜屏障或灭活酶或靶位改变共同发挥着耐药的功能。包括四环素类、糖肽类和喹诺酮类的许多类抗菌药物会受到这种机理的威胁。

4. 新靶位的改变、产生或过度表达

（1）青霉素结合蛋白（penicillin-binding proteins，PBP）

PBP 是一组位于细胞内膜、具有催化作用的酶（转肽酶、羧肽酶和内肽酶），参与细菌细胞壁的合成、形态维持和糖肽结构调整等功能，在细菌生长繁殖过程中起着重要作用。一种细菌通常含有 4～8 种 PBP，由于这些靶位能与青霉素共价结合，故称之为青霉素结合蛋白。青霉素结合蛋白改变，是细菌对 β-内酰胺类抗生素产生耐药的机制之一，其单独作用或与 β-内酰胺酶的产生、外膜通透性降低、细胞膜主动外排系统等协同作用，可导致临床抗感染治疗失败。这种不依赖 β-内酰胺酶而存在的对 β-内酰胺类抗生素的耐药性称为内在或固有耐药性，广泛存在于各类病原菌中。在金黄色葡萄球菌、表皮葡萄球菌以及肺炎链球菌中都发现了 PBP 导致的耐药，如耐甲氧西林金黄色葡萄球菌（MRSA）。对其耐药机理的研究表明 PBP2a 是造成 MRSA 耐药的主要原因。

PBP2a 是 MRSA 产生的对 β-内酰胺类抗生素具有很低亲和力的蛋白质，相对分子质量为 7.8×10^4。当 β-内酰胺类抗生素与 MRSA 接触后，穿过细菌表面并以共价结合的方式使正常的 4 种主要 PBP 失活。在此种情况下，可能是依赖于细胞信号的产生，PBP2a 替代其他几种 PBP 完成细胞壁合成的功能。在凝固酶阴性葡萄球菌中具有与金黄色葡萄球菌相似的 PBP 类型，PBP2a 也是导致本类细菌最主要耐药问题的根源。在肺炎链球菌中具有 6 种 PBP，为 β-内酰胺类抗生素致命作用靶位，在其耐药机理方面具有非常重要的作用。对青霉素耐药是本类细菌近 20 年来最令人关注的问题。药物靶位的过度表达也是某些细菌产生耐药的一个原因，在分枝杆菌属的临床分离菌中发现基因启动子突变、高度表达 VanA 产生而导致克拉维酸的耐药可认为与这种耐药机理有关。

（2）磺胺类药物作用靶位改变

由于细菌不能使用外源性叶酸，磺胺类药物可通过抑制二氢叶酸合成酶或二氢叶酸还原酶，使细菌发生叶酸代谢障碍，而发挥抑菌作用。耐磺胺类药物细菌的二氢叶酸合成酶或二氢叶酸还原酶与磺胺类药物亲和力降低，或药物作用靶酶的合成量增加，从而导致耐药。

（3）利福霉素类作用靶位改变

利福霉素类通过与 RNA 聚合酶结合，抑制细菌转录过程，而达到抗菌效果。耐利福霉素细菌（如大肠杆菌、结核分枝杆菌）编码 RNA 聚合酶 β 亚基的基因（$rpoB$）可产生突变，导致其不易与利福霉素类药物相结合，而产生耐药。

（4）喹诺酮类药物作用靶位改变

喹诺酮可抑制 DNA 拓扑异构酶活性，阻止 DNA 复制、修复，染色体分离、转录及其他功能，从而发挥杀菌作用。DNA 拓扑异构酶 II 又常称为 DNA 促旋酶，其基因突变可引起耐药，以大肠杆菌最为显著。大肠杆菌 $gryA$ 基因序列上，67～106 位碱基区域常发生突变，使酶结构发生改变，从而与药物作用改变而产生耐药。

（5）大环内酯类、林可霉素、链霉杀阳菌素、四环素类、氨基糖苷类药物作用靶位改变

此类药物主要通过与细菌核糖体结合，抑制细菌蛋白质合成，而发挥抗菌作用。细菌核糖体由大亚基（50S）、小亚基（30S）构成，亚基中 mRNA 及蛋白质的改变，可引起与抗菌药物亲和力的变化，而产生对上述几类药物的耐药性。如大环内酯类耐药菌可合成甲基化酶，使位于核糖体 50S 亚单位的 23S rRNA 的腺嘌呤甲基化，导致抗菌药物不能与结合部位结合。因大环内酯类抗菌药物、林可霉素及链霉杀阳菌素的作用部位相仿，所以耐药菌对上述 3 类抗菌药物常同时耐药，称为 MLS 耐药。细菌对四环素耐药的主要原因之一是，细菌产生基因 $tetM$ 编码的可溶性蛋白，可以与核糖体结合，保护核糖体或其他决定簇，从而阻止四环素对蛋白合成的抑制作用。

5. 细菌生物膜的形成

细菌生物被膜（biofilm，BF）是指单一或多种类群细菌为了适应周围环境，吸附于生物或非生物的表面，繁殖并分泌大量多糖基质、核酸、蛋白等物质，使得细菌相互粘连、聚集、缠绕，形成具有三维立体结构的膜样物，是细菌微菌落聚集体。在自然界中，任何细菌在成熟条件下都能以 BF 形式存在，并且 BF 可出现于任何生态系统中，包括自然的、人工的及宿主体内环境。BF 的性质不同于浮游状态的细菌，BF 对抗生素及宿主的免疫反应不敏感，临床上发现即使反复试验证明有效的药物，也不能清除 BF，导致感染迁延不愈。此外，在兽医临床中，一些人畜共患的病原菌不但会造成养殖场的经济损失，而且会导致相关从业人员感染，形成了较为严重的公共卫生问题。因此，重视

动物病原菌的被膜感染在兽医临床中具有重要意义。

为解决动物病原菌 BF 引起的感染，首先需对其机制深入研究。细菌通过黏附、聚集、成熟、脱落四个阶段形成生物被膜。在细菌生物被膜形成初期，细菌需要通过黏附素感知并黏附于载体表面，黏附素包括菌毛等胞外表面附器和蛋白质等非菌毛黏附物质。该阶段细菌受到非特异性生化作用力，例如范德华力、路易斯酸-碱作用力等，使细菌可逆地附着于物体表面。此外，该阶段黏附受多重因素调节，如细菌荚膜多糖（CPS）含量及 *cps* 基因簇相关基因的表达会影响猪链球菌的黏附。该阶段是生物被膜形成的关键阶段，如果阻碍细菌黏附或让细菌丧失黏附能力，则不能形成生物被膜，因此，在黏附阶段研发和设计一些相关黏附抑制剂是解决生物被膜感染的有效手段。

而在细菌聚集阶段，细菌生长繁殖的同时分泌大量胞外基质（EPS），不断形成微菌落。该阶段细菌通过分泌 EPS，黏附力由可逆转变为不可逆，EPS 包括蛋白质、多糖、核酸和磷脂等，这些物质使细菌彼此黏结并黏附于物体表面。该阶段生物被膜的形成受温度、可获得的营养等环境信号调控，细菌通过感测这些环境信号，触发调控网络来调节生物被膜的形成。例如，细胞内第二信使 c-di-GMP 可作为调节生物被膜形成的中央调控因子。细菌的群体感应系统（quorum sensing system，QS）也参与生物被膜形成的调节过程。此外，一些重要的调节基因也影响着生物被膜的形成。在细菌聚集阶段，针对性药物，例如 QS 系统抑制剂等，可以有效解决生物被膜引起的感染。

随后，细菌生物被膜进入成熟阶段，该阶段细菌包裹于 EPS 中，微菌落之间分布着可运送养料、酶和代谢废物等复杂的通道网，细菌的自身代谢（碳、氮及氨基酸等的代谢）是促进生物被膜形成和维持生物被膜三维结构稳定的重要因素，针对该阶段可以研发相关代谢酶的抑制剂，从而影响生物被膜的形成。

最后，在外界环境影响下，生物被膜细菌离开附着的实体表面，重新黏附，继续生长繁殖形成新的生物被膜，而可获得性营养改变、氧气耗尽或其他压力条件是促进细菌分散相关基因表达的原因。

上述为细菌生物被膜形成的相关机制概述，而实际上，不同种属的细菌在形成生物被膜过程中有其各自的特点，阐明相关细菌的生物被膜形成机制可以为预防和治疗相关感染提供依据。而对动物病原菌生物被膜引起的感染机制的探索，在兽医临床中具有重要指导意义。

上述耐药机理不是相互孤立存在的，两种或多种不同的机制相互作用决定一种细菌对一种抗菌药物的耐药水平。如多重耐药大肠杆菌菌株，外膜通透性的降低与主动外排系统的协同作用可导致高度的耐药性。染色体基因特异位点的突变对淋球菌膜蛋白多传递耐药系统的影响，导致淋球菌多重耐药性的产生。青霉素结合蛋白及质粒耐药可同时起作用。铜绿假单胞菌作为一种机会致病菌，对多种临床常用抗生素呈现固有的获得性耐药，这种多重耐药性的形成机制在于该菌具有的多种能量依赖性的药物主动外排泵和低通透性外膜屏障协同作用。

（二）畜禽病原菌耐药检测技术研究动态

1. 耐药检测技术研究概况

病原菌耐药性问题一直是全球所面临的焦点问题，自 2015 年以来，世界卫生组织（WHO）将每年 11 月的第三周确定为"世界提高抗生素认识周（World Antibiotic Awareness Week，WAAW)"。虽然抗菌药物的耐药性是自然发生的，但是抗菌药物的误用和过度使用加速了这一过程。解决耐药性问题不仅需要研发新型抗菌药物，还需要发展耐药检测技术和建设耐药监测体系，以提高现有抗菌药物使用的针对性和有效性，从而推迟与遏制耐药性的传播。快速准确的病原菌耐药性检测技术是指导合理使用抗菌药物和建设耐药性监测网络的关键。

抗菌药物从发现之初便应用于动物疾病防治，国外在 20 世纪 50 年代便将抗菌药物用作饲料添加剂和预防用药引用至牛、猪和鸡的商业饲料中，我国则始于 20 世纪 70 年代。据统计，目前我国动物养殖所使用的抗菌药物，占了我国抗菌药物使用量的一半以上。低剂量长时间地对食品动物使用抗菌药物，除了会造成食品中兽药残留，给人们的食品安全带来直接威胁外，还会使动物和人类的致病菌产生耐药性，使药物失去应有的防病治病作用。据报道，现在每年全球约 70 万人死于耐药细菌感染。除此之外，一些常用的抗支原体、抗真菌和抗寄生虫药物的耐药问题也日益严重。

20 世纪 90 年代中期，欧美地区的发达国家意识到病原菌耐药性的潜在危害，先后成立了国家耐药性监测系统，分别监测动物、食品和人体内分离的食源性病原菌耐药性，并定期发布耐药性监测年度报告。我国在 2008 年由农业部成立了国家兽药安全评价（耐药性监测）实验室，每年发布耐药性监测计划，开始开展对动物源细菌的耐药性监测工作。2016 年 8 月，国家 14 部委联合印发了《遏制细菌耐药国家行动计划（2016—2020 年)》，2017 年 6 月，农业部印发了《全国遏制动物源细菌耐药行动计划（2017—2020 年)》，明确提出要"加强抗菌药物应用和耐药控制体系建设"和"完善抗菌药物应用和细菌耐药监测体系"。因此，开展适用于不同对象（动物、食物、人体）的快速、高通量耐药检测技术或产品，建立检测判定标准和各类耐药临界值标准，将是一项长期的，需要加大科研投入且需要政府、各领域科技工作者共同努力的工作。

2. 耐药性检测技术在国内外的发展现状

病原菌的耐药检测技术及产品按原理可分为两大类，一类是基于表型检测的常规药敏试验及其改良方法，包括稀释法、纸片扩散法（K-B法）、自动化药敏测定系统和显色培养基法等。药敏试验方法是病原菌药物敏感性和耐药性检测的金标准。有国际化的判定标准指导操作流程和商品化的成套试剂盒，不需要额外的仪器，便于推广与使用。除了可以区分敏感菌、中间类型和耐药菌外，还可定量测试抗菌药物对病原菌的体外活性，获得菌株的最小抑菌浓度（MIC值）。缺点是离不开菌株的分离培养，耗费时间长，且许多生长缓慢或不容易培养的病原菌无法进行药敏试验，无法揭示耐药相关机制。另一类是基于核酸、多肽、代谢产物等的快速检测技术，包括PCR、核酸探针、生物芯片和组学技术等；主要是对耐药基因以及可移动遗传元件和外排泵基因进行检测。除了用于检测已知的耐药基因及其突变情况、耐药表型预测、多重耐药分析外，还可发现新的潜在的耐药基因。与传统表型检测相比，对于那些生长缓慢或无法培养的细菌，基因检测的方法更加快速，同时也降低了致病菌的生物危害风险，但是鉴于某些病原菌的耐药机制目前仍未完全清楚，耐药表型和基因型无法一一对应，不能确定含有耐药基因的菌株是否处于耐药状态，容易产生过度治疗；也不能提供MIC值，无法指导临床用药剂量。因此，在对细菌耐药基因检测的同时，还需与常规药敏试验相结合，才能提高耐药性诊断结果的可信度。但随着新一代测序技术的发展、大数据思潮的深入、检测技术的提升，测序技术有望在对细菌耐药机理的研究和风险控制方面取得重大进展，为制订耐药控制策略与研究开发新药物新技术提供科学数据。

每一种耐药检测技术都有其优点和缺点，目前还没有一种独立的耐药检测技术能完成所有的耐药检测工作。其未来的发展趋势是多技术联用的病原菌耐药性快速、定量、高通量检测。因此，要针对不同技术的优劣势设计科学的检测策略，满足不同程度的耐药监测需求。

3. 常规药敏试验及其改良

（1）药敏试验

药敏试验是目前各实验室检测细菌耐药性的常规方法，也是全国细菌耐药监测网（CARSS）、全国动物源细菌耐药性监测网络等监测网采用的唯一耐药检测手段。采用琼脂稀释法和肉汤稀释法进行试验，将抗菌药物浓度倍比稀释，能抑制待测菌肉眼可见生长的最低药物浓度成为最小抑菌浓度（MIC），可定量测试抗菌药物对病原菌的体外活性；除此之外，还有相应商业化的纸片扩散法和Etest法药敏试验，如英国OXOID公司、美国BD公司的药敏纸片和法国生物梅里埃公司的Etest药敏纸条等。纸片扩散法是将含有定量抗菌药物的滤纸片贴在已接种了测试菌的琼脂表面上，纸片中的药物在琼脂中扩散，随着扩散距离的增加，抗菌药物的浓度呈对数减少，从而在纸片的周围形成浓度梯度，同时，纸片周围抑菌浓度范围内的菌株不能生长，而抑菌范围外的菌株则可以生长，从而在纸片的周围形成透明的抑菌圈，抑菌圈的大小反映测试菌对药物的敏感程度；无论是纸片法得到的抑菌圈直径的大小，还是稀释法和浓度梯度法获得的 MIC 数值都需要转换为敏感或耐药等更直观的结果，以指导临床药物的选择。国际上以美国临床和实验室标准协会（CLSI）或欧盟药敏委员会（EUCAST）制定的药物敏感性判定标准为金标准。我国临床微生物实验室和食源性微生物实验室主要参照 CLSI 的标准开展药敏试验和结果判读。

2013 年美国 CLSI 首次发布独立的兽医药物敏感性试验标准——《动物源细菌抗菌药物敏感性试验纸片法与稀释法执行标准（VET01）》。我国的动物源细菌耐药判定系统参照了丹麦的 DANMAP、美国的 NARMS 等国际动物源性耐药性监测系统，并根据我国动物临床用药实际、药物选择原则、药物敏感性判定标准以及专家建议，由中国兽医药品监察所组织设计了我国动物源细菌耐药性检测板，确定了耐药性检测的药物种类和药物浓度范围。

除了常见的细菌耐药检测以外，支原体耐药检测、真菌耐药检测以及寄生虫耐药检测同样应引起重视。同细菌耐药检测一致，真菌和支原体的耐药检测同样使用稀释法、纸片扩散法等常规耐药检测方法。其中支原体耐药检测则只有针对人体支原体的药敏试验方法 CLSI-M43AE，人源真菌耐药检测可参照 CLSI-M60；而对于畜禽源真菌以及支原体的耐药检测，国际和国内尚未有相应的耐药判定标准进行指导。而传统的寄生虫耐药检测主要包括体内粪便虫卵计数检测和体外虫卵孵化分析、幼虫/成虫发育试验等。

（2）自动化药敏检测仪器

基于传统的微生物培养、生化鉴定及药敏试验的原理，病原菌的药敏检测鉴定技术已逐步由手工检测走向集成化和自动化检测。主要包括增菌培养、生化鉴定和药敏分析三个部分。实验步骤是：通常先将待测菌的纯培养物制成相应浓度的菌悬液，再针对不同菌属使用相应药敏试板来检测相应菌种的耐药性。这些全自动微生物鉴定及药敏分析系统操作简单，极大节省了工作时间及工作量。但是往往局限于其内部数据库，需要及时更新数据库才能确保结果的准确性。主要品牌包括法国生物梅里埃公司的 Vitek 系统、美国 BD 公司的 Phoenix 系统、美国贝克曼库尔特公司的 MicroScan WalkAway 系统和 Thermo Scientific 公司的 ARIS 2X 系统等；国产品牌有美华 MA-120 微生物鉴定/药敏分析系统、珠海迪尔 DL-96 细菌测定/药敏分析系统和鑫科 XK 型自动细菌鉴定/药敏分析仪。与国际品牌相比，国产仪器差距较大，具体体现在菌种鉴定种类少，自动化程度低。国外仪器采用动态监测方法，即每隔一段时间进行监测并与数据库曲线对比，通常在 2～6h 得到大部分结果；国产仪器采用终点培养法，需要经过 24～48h 培养后才能上机读取结果。国外品牌占据国内大部分市场份额，国产自动化药敏检测仪器并未大规模使用。

（3）耐药显色培养基

耐药菌显色培养基法是根据不同病原菌在代谢过程中能够产生的特异性的酶，通过在培养基中加入相应的底物、指示剂及抗生素，敏感菌无法生长而相应的耐药病原菌可生长，利用不同的酶底物在耐药病原菌的作用下释放出不同的发色或荧光分子产生不同颜色，直接观察菌落颜色就可以检测是否有目标耐药菌存在，使耐药病原菌的分离和鉴定得到同步实现。这种技术将传统的致病菌分离、生化反应鉴定与药敏分析有机结合起来，且检测结果直观。耐甲氧西林金黄色葡萄球菌（MRSA）显色培养基、耐万古霉素肠球菌显色培养基、耐青霉素肺炎链球菌（PRP）显色培养基、碳青霉烯耐药菌显色培养基等已经商品化，大量应用于耐药菌的筛查中。中国检验检疫科学研究院也开发出耐喹诺酮类沙门氏菌的显色培养基等。商品化的耐药显色培养基主要品牌包括法国科玛嘉公司的 CHROMagar™ 和印度 HiMedia 公司的 HiCrome™。国产耐药显色培养基尚无商品化产品出现。

4. 现代耐药检测技术

近年来，PCR、基因芯片等技术在快速检测耐药性方面迅速发展。随着后基因组时代的到来，基因组学、代谢组学等组学技术相继出现，为耐药检测提供了新的手段和思路。

（1）基于分子生物学的快速检测

①PCR 技术。核酸体外扩增（PCR）技术在耐药基因检测中发挥了巨大作用，包括普通 PCR 技术、多重 PCR 技术、荧光定量 PCR 技术、LAMP 技术等，可应用于包括耐甲氧西林金黄色葡萄球菌的检测、利福平耐药结核分枝杆菌检测、超级细菌检测等。临床上利用 PCR 技术检测耐药基因片段的商业化检测系统已经产生，如 BD 公司的 GeneOhm 系统和 Cepheid 公司的 GeneXpert 系统，均能在数小时内完成对标本的检测。而且由于基因检测方法稳定、重复性好，是现今国内外学者使用最多的非培养耐药检测方法。中国检验检疫科学研究院基于 PCR 技术先后建立了大肠菌群、沙门氏菌、金黄色葡萄球菌、蜡样芽孢杆菌、克罗诺杆菌、单核细胞增生性李斯特菌等的耐药检测方法。

②基因芯片技术。基因芯片技术是将 PCR 技术与 DNA 探针技术集成的一种高通量自动化检测技术，其基本原理是将一组已知序列的核酸探针固定在基片上，与未知序列进行杂交，最后通过荧光或其他信号方式进行检测确认。虽然其灵敏度与 PCR 技术相当，但其具有高通量、多参数、高精确度和快速分析等绝

对优势。如 Cepheid 公司的 Unyvero™ P50 试剂盒，能在 4h 内同时检测针对包括 β-内酰胺类、氟喹诺酮类等的 22 种耐药基因。北京博奥生物有限公司生产的结核分枝杆菌耐多药基因芯片检测试剂盒，可以同时对利福平和异烟肼耐药检测，极大缩短了检测时间。

（2）基于组学技术的耐药检测

但随着组学技术的发展、大数据思潮的深入、检测技术的提升，组学技术有望在对细菌耐药机理的研究和风险控制方面取得重大进展，为制订耐药控制策略与研究开发新药物新技术提供科学数据。近年来的研究发现，病原菌耐药性的产生机制，除已发现的特异性"靶标基因"理论外，还与细菌蛋白网络的变化有关。细菌在接触抗菌药物后，引起自身基因随机突变，继而导致一系列基因转录和蛋白质表达水平的改变。借助基因组学、蛋白质组学、代谢组学等技术，可以为耐药性检测研究提供新的方向。主要包括全基因组测序、飞行时间质谱和拉曼组技术等。

（3）全基因组测序

随着全基因组测序技术的发展，全基因组测序也渗透到各个研究领域，包括细菌耐药方面的研究。全基因组测序能够提供检测样品的完整序列，通过数据库分析可发现大量的信息。除了用于检测已知的耐药基因及其突变情况、耐药表型预测、多重耐药分析外，还可发现新的潜在的耐药基因，有着其他技术无法比拟的优势。另外，全基因组测序在多重耐药菌株暴发流行时起到了重要的作用，如 MRSA 在美国多家医院暴发流行时，研究人员通过全基因组测序，比较金黄色葡萄球菌敏感株和耐药株序列的差异，对病原菌的耐药机制进行了充分研究；中国检验检疫科学研究院基于新一代测序技术，建立了相关食品中细菌多样性的分析方法，研究了动物源性食品、乳及乳制品等食品中主要病原菌的耐药现状，分析了细菌耐药性产生和传播的分子机制。主要的高通量测序平台包括美国 Illumina 公司的 HiSeq（二代测序）和英国 Oxford Nanopore 公司的 GridION X5（三代测序）等。

（4）飞行时间质谱

基质辅助激光解吸电离飞行时间质谱（MALDI-TOF MS）是一种新型的软电离生物质谱。其原理是先将生物分子电离，离子在电场作用下加速飞过飞行管道，根据到达检测器的飞行时间不同形成蛋白质指纹谱，然后经软件与数据库中标准指纹图谱进行对比，即可确定所检微生物的类型，具有灵敏度高、准确、快速的优势。MALDI-TOF MS 技术主要应用于菌种的鉴定，后逐渐应用于细菌耐药检测和耐药机制研究。主要通过检测抗菌药物的修饰和水解情况来检测细菌耐药相关酶存在情况；或通过比较耐药株、敏感株指纹图谱的区别来判断耐药株和敏感株，从而达到检测细菌耐药性的目的。主要的国际品牌包括法国生物梅里埃、德国布鲁克和日本岛津 3 家公司，而国内品牌在 2017 年发生井喷式发布，目前主要包括毅新博创、江苏天瑞（厦门质谱）和融智生物等 11 家公司的产品，但市场上仍以法国生物梅里埃和德国布鲁克为主，国产仪器稳定性还需市场进一步验证。

（5）拉曼组技术

基于拉曼组的耐药检测技术是 2016 年由中科院青岛能源所单细胞中心提出的，拉曼组是特定条件和时间点下，一个细菌细胞群体的单细胞拉曼光谱的集合。每个单细胞拉曼光谱由分别对应于一类化学键的上千个拉曼峰组成，反映的是特定细胞内化学物质的成分及含量的多维信息，而且其测量无需破坏细胞、不需要标记，通常仅需毫秒乃至数秒钟。因此，对于任一细菌群体，测定与监控其拉曼组，其变化可直接反映和表征其针对特定抗菌药物的敏感性和耐受性。而不同的抑菌机制会引起细胞内代谢物组的不同变化，因此拉曼组的变化还具有区分乃至识别各种药物应激机制的潜力。通过高通量单细胞拉曼成像，能够不经培养，快速、定性、定量地表征细菌的药物应激性并区分其应激机制。依据重水标记单细胞拉曼耐药性快检技术与单细胞拉曼药物应激条形码的原理，引入了最小代谢活性抑制浓度（MIC-MA）的概念。

（三）病原菌耐药抑制剂研究进展

1. 病原菌耐药蛋白酶抑制剂

现阶段对耐药酶的相关研究主要集中在一些常用抗生素的耐药酶，一些致病性强和影响力差的菌属所携带的耐药酶的相关研究相对滞后。有报道的耐药酶的抑制剂主要为 β-内酰胺类抗生素耐药酶抑制剂、氨基糖苷类抗生素耐药酶抑制剂和多黏菌素耐药酶抑制剂。

耐药酶抑制剂早在多年之前就已被开发和利用，已经投入临床使用的有 β-内酰胺酶的抑制剂，如舒巴坦和克拉维酸等。但该类抑制剂亦属于抗生素衍生物，本身具有一定的抗菌活性，长期使用极易产生耐药性。近几年，随着多种耐药酶的出现，耐药酶抑制剂的研究也越来越被人们所重视，多种耐药酶的抑制剂相继被报道，各种耐药酶抑制剂可通过抑制耐药酶的活性从而恢复相关抗生素对耐药菌株的体内外抗菌效果。Andrew M. King 等人研究指出 AMA（aspergillomarasmine）作为金属 β-内酰胺酶抑制剂与美罗培南具有良好的体内外协同作用，可提高碳青霉烯类抗生素对金属 β-内酰胺酶阳性菌株感染试验动物的保护率。中国疾控中心传染病所万康林研究员指出，β-内酰胺酶抑制剂可提高 β-内酰胺类抗生素对结核分枝杆菌的体外抗菌活性。

解决氨基糖苷类耐药性所面临的困难主要在于许多临床耐药菌含有一种以上的耐药酶（激酶、乙酰转移酶和腺苷酸转移酶），并且它们通常具有完全不同的灭活机制。然而，阳离子肽在体外已显示出抑制多种酶的能力，包括激酶和乙酰转移酶，表明从这些化合物中可以寻找氨基糖苷类耐药酶抑制剂。

已有研究表明，抗生素耐药酶抑制剂联合抗生素抵抗临床耐药菌的感染策略是可行的。但从科学研究到临床使用的过程中存在许多困难。各种耐药酶层出不穷，但是，大多数耐药酶抑制剂属于化学合成的化合物，其临床试验的开展会相对复杂和困难，其潜在的毒副作用需要进一步研究。

中药具有多种药理学活性，毒副作用小，且临床试验的开展相对容易。中药单体化合物在抗毒力蛋白方面也已经取得了一定的研究基础，如黄芩苷可通过抑制细菌溶血素，阻止细菌对机体组织器官的损伤。这为中药单体化合物抑制耐药酶活性提供了研究基础。吉林大学邓旭明教授课题组发现紫檀芪等化合物可与多黏菌素联用，提高肠杆菌对多黏菌素的敏感性。因此，筛选天然化合物作为耐药酶抑制剂可作为一项研究计划进一步去探索。

2. 耐药菌外输泵抑制剂

细菌的耐药机制很复杂，主要包括由染色体介导的固有耐药和通过质粒转移获得的耐药及主动外排系统等。主动外排系统是细菌细胞膜上存在的一类蛋白质，能将药物非选择性地泵出细胞外且该过程与药物结构无关，使细胞内抗菌药物浓度降低，导致细菌耐药（尤其是多重耐药），称为多重耐药外排泵。革兰氏阴性菌和革兰氏阳性菌通过外排系统将抗生素从周质或胞浆泵到细胞外。这些跨膜蛋白质利用水解 ATP 的能量，通过偶联离子输运或利用质子动力势将细菌内的抗生素逆浓度梯度泵到菌体外。已发现五类抗生素外排蛋白，每一个都具有独特的拓扑结构、高级结构和氨基酸序列，包括：ABC 转运蛋白超家族（ATP binding cassette superfamily）、MFS 超家族（major-facilitator superfamily）、MATE 家族（the multidrug and toxic compound extrusion family）、SMR 家族（the small multidrug resistance family）和 RND 超家族（the resistance nodulation division superfamily）。RND 超家族和 MFS 超家族在临床耐药上的重要性，已经促使大量研究者开始开发相关抑制剂。

耐药菌外排药物的机制复杂多样，因而针对外输泵的抑制剂也是多种多样的。目前对于耐药菌外输泵抑制剂的研究，主要集中在从合成化学药物和植物提取物中筛选外输泵抑制剂。许多天然产物具有明显的外排泵抑制活性，并能协同增强抗生素的作用。

（1）化学合成类抑制剂

①PAβN（Phe-Arg-β-naphthylamide）。PAβN 是首个被确认的革兰氏阴性菌 RND 外排泵抑制剂。它作为广谱抑制剂，既可抑制铜绿假单胞菌 MexAB-OprM、MexCD-OprJ 和 MexEF-OprN 这 3 种主要 RND 泵，也可抑制大肠杆菌的 AcrAB-TolC 泵。但进一步研究表明，其活性和稳定性欠佳，同时对人体

具有急性毒性。尽管针对 PAβN 的结构优化得到的一系列衍生物确实提高了稳定性和抑制活性，但最终由于毒性问题而失败，未能真正进入临床应用。

②维拉帕米（VER）。维拉帕米（VER）作为金黄色葡萄球菌的外排泵抑制剂而得到广泛关注，主要抑制革兰氏阳性菌 MFS 超家族外排泵，减少氟喹诺酮类及多种阳离子化合物（如阿霉素、嘌呤霉素等）的泵出，但目前机制尚未完全阐明，加之系统性副作用或药物相互作用等不确定因素，临床上尚未正式使用。

③1-（1-萘基甲基）-哌嗪（NMP）。Kern 等对一系列芳基哌嗪类化合物进行筛选时，得到了目前被广泛使用的外排泵抑制剂 1-（1-萘基甲基）-哌嗪，与 PAβN 相比，NMP 活性与特异性较差。由于潜在的血清素激动作用，很可能对人体产生神经或情绪上的严重副作用，所以目前开发成临床可用药物的可能性不大。

④吡喃并吡啶化合物类似物。该系列化合物代表是 D13-9001，已作为先导化合物进入临床前开发阶段。吡啶并嘧啶外排泵抑制剂对于铜绿假单胞菌的 MexAB 外排泵具有较强的特异性，对 MexXY 泵没有活性，这可能是导致其在 2007 年研发停滞的一个主要原因。

⑤Timcodar。Grossman 等关于 P-糖蛋白抑制剂 Timcodar 的体外研究显示，Timcodar 与各种抗生素联用显示出良好的协同效果。然而，De Knegt 等使用时间-杀菌动力学测定法试图找到莫西沙星＋利奈唑胺的增效剂，却发现 Timcodar 不能提高莫西沙星＋利奈唑胺的抗结核感染活性。

⑥SILA-421。SILA-421 也被认为是一种增效剂；然而动物实验显示，在异烟肼-利福平-吡嗪酰胺治疗方案中添加 SILA-421，13 周后并没有观察到疗效增强。

（2）天然产物类抑制剂

5-MHC 作为细菌外排泵抑制剂，与植物抗菌小分子小檗碱协同抵制细菌侵害。与此防御机制一样，MC 207、MC 110 和 INF271 等外排泵抑制剂均可极大地提高大黄素、七叶内酯、蓝雪醌等源于植物的小分子的抗菌活性，表明植物抗菌剂与外排泵抑制剂结合可以发展成为高效、广谱的抗菌药物。因此，充分利用我国中草药来源广、安全性高和经济成本低廉的多重优势，以外排泵为靶标筛选天然化合物抑制剂，解决耐药菌感染问题具有潜在价值和广泛应用前景。

①利血平。研究表明，利血平可以抑制耐甲氧西林金黄色葡萄球菌（MRSA）的四环素外排泵 Tet（K），并使四环素对 MRSA 的 MIC 从 128mg/L 降低至32mg/L；针对多药耐药革兰氏阳性菌，利血平的活性涵盖了 ABC 转运蛋白超家族和 MFS 超家族。

②胡椒碱。胡椒碱（piperine）是广泛存在于辣椒植物果实中的一种生物

碱，以非竞争性方式抑制 P-糖蛋白活性，通过影响药物的吸收、代谢，从而提高药物及辅助药物的生物利用度。针对临床分离菌株的研究发现，胡椒碱可通过抑制 Rv1258c 外排泵的过表达来降低利福平的 MIC，有效增强利福平（RIF）在时间-杀菌动力学试验中的杀菌活性，并且还显著延长 RIF 的抗生素后效应。对于耻垢分枝杆菌，32mg/L 的胡椒碱可通过对外排泵的抑制，使溴化乙锭（EtBr）在细胞中的积聚增加，并将 EtBr 的 MIC 降低至原来的 1/2。

③小檗碱。小檗碱（berberine）是广泛存在于小檗属植物中的生物碱，具有微弱的抗微生物活性，也是目前公认的外排泵底物，与抗生素联合使用使得抗生素的抑菌效应有所增强。然而，小檗碱的口服生物利用度较低，口服给药后由于胃肠道内吸收差，加之严重的首过代谢及 P-糖蛋白介导的外排作用，导致血浆药物浓度较低，因此对其结构改造仍有待深入研究。

④粉防己碱。与 VER 类似，粉防己碱是 L 型钙通道和 P-糖蛋白的抑制剂。Zhang 等发现粉防己碱可降低异烟肼（INH）和乙胺丁醇（EMB）对多重耐药结核分枝杆菌（Mtb）的 MIC，并且认为将 INH 或 EMB 与粉防己碱联合使用，不仅可提高抗结核效果，而且有助于减少药物剂量和副作用。

⑤槲皮素。槲皮素（quercetin）属于类黄酮，存在于许多蔬菜、水果、叶子和谷物中。Suriyanarayanan 等研究表明，槲皮素可与 Mtb 的巨噬细胞甘露糖受体（Mmr）和大肠杆菌中 EmrE 外排泵稳定结合，且分子相互作用比维拉帕米（VER）、白藜芦醇（RES）及氯丙嗪更加稳定。Dey 等研究还进一步证实，槲皮素对多种能产生 β-内酰胺酶的 Mtb 和肺炎克雷伯菌均具有抗菌作用，这意味着槲皮素可减少药物外排，有望成为结核病辅助治疗中潜在的非抗生素类药物。

全球监测数据显示，细菌几乎对所有临床使用的抗生素都产生耐药性，抗生素耐药（antibiotic resistance，AR）已成为 21 世纪公共卫生安全的主要威胁。相比抗生素的选择性压力极易诱导产生耐药性，外排泵抑制剂不仅可以提高耐药菌的药物敏感性，恢复抗生素的抗菌活性，延长抗生素的使用寿命，还有利于减少外排作用促进的耐药突变菌株的产生。细菌基因组、蛋白质组学的研究结果表明，大部分外排泵在结构上存在明显的同源性，因此有可能发现对不同细菌的不同外排泵具有广谱抑制作用的化合物。因此，寻找潜在具有广泛应用前景的外排泵抑制剂对于耐药性细菌感染具有深远的意义。

目前，大量针对革兰氏阴性菌 RND 型外排泵的研究也揭开了多药耐药菌的耐药机制的结构与生化基础。针对外排泵抑制剂的研究也存在诸多问题：①抑制剂的筛选主要涉及以氟喹啉酮类为底物的少数几种外排泵，筛选方法也以细胞的体外试验为主，对已发现的几个活性分子的构效关系及受体与配基的关系正在探讨中。②虽然绝大多数已报道的化学合成类、植物或其他生物提取物来源的化合物能够与抗生素联用，提高抗生素的作用效果，但目前还未见成功用于临床的先例。③许多体外活性良好的外排泵抑制剂的来源、合成工艺、安全性、特异性和机制等诸多问题有待于进一步解决，其临床应用还有漫长的路要走。还有一点值得商榷的问题是，克拉维酸作为内酰胺酶抑制剂用于临床后不久，细菌对克拉维酸同样产生了耐药性，外排泵抑制剂可能像克拉维酸一样，诱导细菌表达新的外排泵系统。

综上所述，这些存在的问题提示我们，在开发能够规避多药耐药的临床有效的外排泵抑制剂时，需要建立一套标准化的方法，用于鉴别、分析和评价临床分离菌株耐药外排泵的基因型和表型及其对多药耐药性质的影响。

3. 生物被膜抑制剂

在阐明病原菌生物被膜形成机制的基础上，急需寻找有效的干预或清除细菌生物被膜的方案，为疾病预防和治疗提供依据。目前，干预或清除生物被膜的方法主要有物理方法、化学方法和生物方法。

物理和化学的方法可以干预或清除生物被膜，但都是辅助抗生素治疗生物被膜的感染，在临床治疗，尤其是兽医临床应用中，存在一定的局限性，所以发现和开发新的药物或生物被膜抑制剂是更为有效的手段。目前，作为生物被膜抑制剂被研究的主要有抗生素及其衍生物和化学合成药物，此外，还有天然产物等。这些药物都被发现在干预或清除细菌生物被膜中展示了较好的效果和开发前景。

（1）抗生素及其衍生物

近年来，抗生素大量使用导致细菌耐药性增加，但与此同时，有些抗生素被发现可以有效干预细菌生物被膜的形成。例如，大环内酯类药物可以在亚抑菌浓度下通过影响猪链球菌核糖体蛋白的表达或通过作用于 QS 系统中 *comAB* 基因编码的膜蛋白（ABC 转运蛋白）而影响生物被膜形成。而红霉素和头孢喹肟分别可以通过影响谷氨酸代谢及组氨酸代谢，影响木糖葡萄球菌生物被膜的形成。此外，一些临床上的抗生素衍生物和四氢噻唑酮类化合物也有破坏生物被膜的作用。例如，125mg/L 的莫匹罗星可以使金黄色葡萄球菌生物被膜体积减小 90%以上，而安全剂量范围内的环丙沙星和万古霉素很难达到相同的效果。同时，联合使用抗菌药物也是瓦解细菌生物被膜的手段之一。例如，万珍艳等通过红霉素联合环丙沙星雾化吸入试验，在大鼠体内气管插管，建立铜绿假单胞菌生物被膜呼吸道感染模型，电镜观察导管上生物被膜，发现联合用药组导管内表面细菌生物被膜明显减少。这些证据表明某些抗生素及其衍生物可以有效干预细菌生物被膜的形成。

（2）天然产物抑制剂

天然产物是指一些由生物合成，具有药理和生理特性的天然提取物，广义上的天然产物甚至包括一些可以完全由人工合成的化合物。从天然产物中发现、提取防治细菌感染的有效成分，是新药开发中一项极为重要的途径。植物是天然药物以及天然先导化合物最广泛的来源，现已发现的很多天然产物对生物被膜的防治有很显著的效果。例如，丁香叶水提物及单体芦丁可以通过影响猪链球菌荚膜多糖（CPS）含量及 cps 基因簇相关基因的表达，干预其黏附作用，导致生物被膜形成减少。大黄和黄连的水提物也可以干预猪链球菌生物被膜的形成，其机制可能是抑制猪链球菌的黏附，从而减少生物被膜的形成。上述药物有望作为黏附抑制剂开发。此外，有报道称，产自北美洲的水果——酸果蔓（cranberry）果实提取物可以抑制大肠杆菌引起的泌尿疾病，从而防止尿路感染。Feldman 等发现，酸果蔓果实提取物可以干扰细菌的群体感应系统，与此类似，蔓越莓、绿茶、红葱等提取物也可以通过干扰细菌的群体感应而达到抑制细菌生物被膜生长的目的。另有学者研究发现，大红钓钟柳的提取物可以很好地抑制大肠杆菌生物被膜的形成。由于植物提取物在抗细菌生物被膜方面的研究历史短暂，很多植物提取物的抗生物被膜机理并不清楚，有待进一步的研究。近年来，随着对中药的研究不断深入，从中药中寻找新型抗细菌生物被膜药物成为突破口。

除了上述的抗生素及天然产物外，某些化学合成药物和生物药物也具有良好的干预生物被膜作用，例如，阿司匹林在亚抑菌浓度下可以通过影响木糖葡萄球菌和鲍曼不动杆菌组氨酸的代谢，导致生物被膜减少。无论是何种药物，在其被开发成生物被膜抑制剂的研究上，还有很多内容待完成。

（3）存在的问题

目前，大多数药物活性成分不足以完全干预或清除细菌生物被膜，而且缺乏广谱抗生物被膜抑制剂。国外研究工作者更多关注结构及机制较为明确的抗生素、化学合成药物及基因工程药物，限于对中药的了解，因而忽略了潜力巨大的中药研发；而国内工作者虽占有药源丰富的优势，但限制于相关研究起步较晚，机制了解不清。这些因素都限制了国内外工作者取得更多的成果。

大部分对病原菌 BF 的研究是在体外状态下的，很少关注体内细菌 BF 的形成对疾病的重要作用。体内生物被膜模型的构建也是当今的难题，国内开展相关研究的机构和单位较少，并且成果有限，虽然美国及欧洲国家在这方面也取得了一定的进展，但仅限于特定种属的细菌及感染部位，没有统一的模型评价体系及标准。而细菌在体内以 BF 形式存在，可能为其体内真实的存在方式，因此 BF 状态下的细菌是一种重要的传染源。未来在生物被膜感染的防治中，体内模型的构建及机制阐述是国内外研究的重点和难点。

（四）病原菌耐药逆转技术研究进展

1. 耐药质粒清除技术

细菌耐药性主要由质粒、整合子等可移动遗传元件在细菌间的水平基因转移而大量传播扩散，通过水平基因转移的耐药基因是经历菌群中的自然选择存留下来的基因，说明水平基因转移是细菌进化和适应的一种高效机制。基因的水平转移，尤其是耐药质粒通过接合转移，导致同种属或不同菌属间的耐药基因的大规模传播，已被证明可以发生在高度多样化的环境，例如在从土壤、污水到医院重症监护病房等，最终对人体微生物群的耐药性状产生影响。

多项关于感染肺炎克雷伯菌的患者的研究显示，肺炎克雷伯菌中质粒编码的碳青霉烯类抗生素耐药基因，可以从同一患者体内的大肠杆菌或黏质沙雷氏菌中分离出来，说明耐药基因在患者微生物群中进行了扩散。耐药基因产生后，一旦成功转移到质粒上，它们就可能迅速传播到不同的菌株、物种甚至属。2015 年，沈建忠等在大肠杆菌中发现了质粒编码的多黏菌素耐药基因，随后在世界各地陆续检测到了携带这种耐药基因的质粒，这种耐药性的传播可能会使大肠杆菌成为真正的泛耐药菌。此外，临床上发现，多个耐药基因通常共定位于同一质粒上，从而相对容易地传播多重耐药性。

质粒清除是从细菌种群中去除质粒的过程，质粒消除试剂与抗生素联合使用是抑制由耐药质粒编码的耐药性发展和传播的有效手段。因为这种方法有可能从种群中去除耐药基因，同时又能保持细菌群落的完整性。因此，近 30 年来，国内外一些研究者积极探索耐药质粒消除方法，以逆转细菌耐药性，并取得了一定进展。许多化合物如去污剂、抗菌剂、DNA 交联剂以及植物天然产物显示了一定的质粒清除活性。由于菌株、质粒类型和细菌生长条件不同，这些化合物的有效性变化很大。质粒清除化合物可以通过不同的机制发挥作用，在许多情况下，化合物通过整合到质粒 DNA 中（例如 DNA 交联剂），引起DNA 断裂，从而破坏质粒的复制或造成质粒 DNA 损伤。质粒清除化合物也可以通过阻断细菌接合（例如不饱和脂肪酸）起作用。

（1）去污剂

研究显示，去污剂如胆汁盐和十二烷基硫酸钠（SDS）能清除一些细菌菌株中的质粒。研究显示：胆汁盐能够有效消除沙门氏菌的毒力质粒 pSLT，但所需的胆汁水平达 10%～15%，明显高于小肠内的胆汁的正常范围（0.2%～2%），并且会导致腹泻等副作用，因此胆汁盐不能被用作临床治疗。十二烷基硫酸钠（SDS）是一种常用的质粒清除试剂，已被证明可以用于从大肠杆菌、肺炎克雷伯菌、铜绿假单胞菌和金黄色葡萄球菌中消除质粒。但是由于需要的较高的浓度以及产生明显的胃肠道副作用，SDS 也不能用于人类或动物中耐药基因的消除，但是它们仍然可以作为研究质粒生物学的工具。

（2）DNA 交联剂

DNA 交联剂如吖啶橙、溴化乙锭和吖啶黄碱也具有质粒消除的特性。研究显示，吖啶黄可以有效清除大肠杆菌（Keyhani 等，2006）、副溶血性弧菌

（Letchumanan 等，2015）、金黄色葡萄球菌（Sahl 和 Brandis，1984）中的质粒，但是与 SDS 类似，DNA 交联剂也很少应用于临床，因为它们具有很强的毒性和致癌性质，使用这种化合物的危害远远大于消除质粒带来的益处。但是，在实验室里，仍然可以利用这些化合物清除某些细菌内的质粒，研究质粒与宿主的关系及特性。

（3）植物天然产物

由于植物提取物毒副作用小、应用安全，受到国内外研究者的广泛重视。例如，白花丹素能降低质粒拷贝数，有效消除大肠杆菌中的接合性多药耐药质粒和 RP4 质粒（Lakhmi，Padma 和 Polasa，1987）。黑木耳根提取物对铜绿假单胞菌、大肠杆菌、寻常变形杆菌和肺炎克雷伯菌的耐药质粒的消除活性略高于白花丹素（Patwardhan 等，2015）。这些研究虽然显示植物化合物在体外可有效地消除质粒，但都处于初步阶段，这些化合物的作用机制尚不明确，需要更进一步研究来确认活性谱、鉴定活性成分以及确定体内功效和毒性。

（4）抑制细菌接合的化合物

在多数情况下，耐药基因传播与可移动遗传元件如质粒或转座子相关。虽然这些可移动遗传元件的转移也可以通过自然转化或病毒转导发生，但与转化相比，细菌接合这种传播方式不受周围环境的影响，是进入宿主细胞的更有效的手段，而且具有比噬菌体转导更广泛的宿主范围，是水平基因转移的最主要、最有效的方式，因此以细菌接合所需各组分为靶点，有望能有效控制耐药质粒传播。

Getino 等（2015）发现十六炔酸具有很强的抑制细菌接合活性，在 0.4mol/L 浓度下，能将 IncW、IncH 和 IncF 类质粒的接合频率降低 99% 以上。进一步研究显示，该化合物通过作用于供体菌，对大肠杆菌、小肠杆菌、腐败杆菌和鲍曼不动杆菌的接合均有显著的抑制作用。去甲二萜对包括万古霉素耐药的肠球菌在内的多重耐药细菌（如粪肠球菌、大肠杆菌和铜绿假单胞菌）具有广谱的质粒消除活性，消除率为 12%～48%，可有效逆转细菌对各种抗生素的耐药性，但是消除机制和应用前景仍有待阐明。2015 年，Redinbo 实验室以细菌接合的主要组分——松弛酶为靶标，设计了两种类型的抑制剂，细胞水平上的实验显示，可抑制依赖于松弛酶的 F 质粒的接合传递，表明靶向松弛酶的特异性抑制是可行的，显示了细菌接合抑制剂的潜在临床效用。

2. CRISPR-Cas 技术在耐药菌/基因清除中的应用

（1）CRISPR-Cas 系统

成簇规律间隔短回文重复序列（CRISPR）相关核酸酶 9 ［clustered regularly interspaced short palindromic repeat（CRISPR）associated nuclease 9，（CRISPR-Cas9）］系统是细菌或古细菌的获得性免疫系统，是细菌或古细菌防御外源 DNA 或 RNA 入侵的主要机制。CRISPR-Cas 系统由 CRISPR、前导序

列以及 Cas 蛋白三部分共同构成。CRISPR 由多个重复序列和间隔序列组成。其中前导序列与重复序列相连，可以识别新的间隔序列，启动前 crRNA（CRISPR RNA）的转录。Cas 基因家族具有多种基因亚型，编码 CRISPR 的相关蛋白，通过 tracrRNA（trans-activating crRNA）将 crRNA 前体修饰为成熟的 crRNA，并与 crRNA 协同作用，共同构筑细菌的免疫屏障。

CRISPR-Cas 系统根据其组成蛋白及作用模式，主要分为两类六型。其中，一类（包括Ⅰ、Ⅲ和Ⅳ型）结构较复杂，有多个 Cas 蛋白参与外源 DNA 识别和剪切过程；而二类（包括Ⅱ、Ⅴ和Ⅵ型）结构简单，由单个 Cas 蛋白识别和剪切外源 DNA，由于其结构相对简单，所以更广泛地被研究和应用于基因编辑。由于 CRISPR-Cas 系统是利用碱基互补配对的方式识别靶基因，再通过具有核酸内切酶活性的 Cas 蛋白对靶基因进行切割，造成双链断裂而破坏外源核酸，因此，只需要靶基因中数十个碱基对的信息便可以设计打靶向导 RNA（gRNA），进而引导 Cas 蛋白识别并剪切目标基因，操作简单、快捷。

在细胞内，双链断裂的靶基因主要通过非同源末端连接和同源重组两条途径进行修复。但是，由于大部分细菌缺乏非同源末端连接的 DNA 修复机制，只能通过同源重组修复途径对双链断裂的 DNA 进行修复，因此，导入靶向细菌基因组或质粒的 CRISPR-Cas 系统引起的双链断裂通常无法修复，将导致细菌死亡或质粒消除。因此，将靶向耐药基因的 CRISPR-Cas 系统递送至耐药菌中，CRISPR-Cas 系统可通过靶向切割耐药基因，导致细菌死亡或者消除耐药质粒，恢复细菌对抗生素的敏感性（图 2-4）。

（2）CRISPR-Cas 技术在抗菌治疗中应用

一些早期的研究工作证明靶向细菌基因组的 CRISPR-Cas 系统可以导致细菌死亡。另一方面，一些细菌中存在的 CRISPR-Cas 系统可以阻止耐药基因的水平传递，使细菌不能接受多重耐药基因。随着 CRISPR-Cas 基因编辑技术的成熟，CRISPR-Cas 逐渐用于对细菌进行序列特异性杀灭。在设计上，几乎任何基因组位置都可以作为打靶序列，通过设计靶向耐药基因或耐药菌基因组的 gRNA，引导 Cas 蛋白切割靶向序列，使耐药菌恢复对抗生素的敏感性或直接导致细菌死亡。Kim 等利用 CRISPR-Cas9 系统靶向大肠杆菌中超广谱耐 β-内酰胺类抗生素的耐药相关基因，成功恢复了菌株对 β-内酰胺类抗生素的敏感性。

虽然导入细菌的 CRISPR-Cas9 系统可以高效特异地清除目标细菌或耐药质粒，但是需要有效的基因传递系统，这是 CRISPR-Cas9 系统直接应用于抗菌治疗存在的最大障碍。由于噬菌体具有天然靶向细菌的优势，成为了研究者们青睐的 CRISPR-Cas9 传递载体。目前的应用噬菌体的传递策略主要有两种：一种是构建含有 CRISPR-Cas9 系统的噬菌粒载体，利用它将靶向耐药基因的

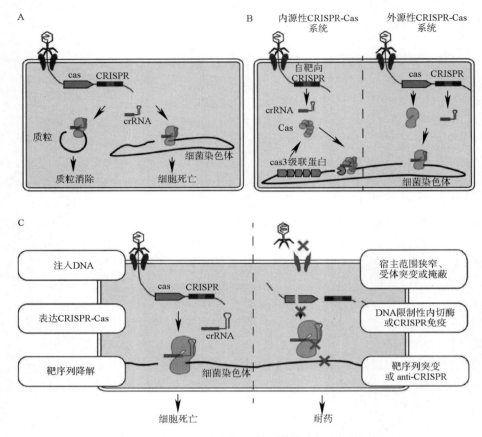

图 2-4　基于 CRISPR-Cas9 的耐药菌/基因清除机制

A. 通过噬菌体将 CRISPR-Cas 系统送入细菌中表达，靶向特定的基因并切割，造成细菌死亡或质粒丢失

B. 内源性 CRISPR-Cas 系统，利用细菌本身含有的 Cas 蛋白，将含有自靶向活性的 CRISPR序列通过噬菌体转导进入细菌使其切割染色体

外源性 CRISPR-Cas 系统，当目的细菌本身没有 Cas 蛋白时，噬菌体通过转导 Cas 蛋白基因和 CRISPR 序列进入细菌切割染色体

C. 左，通过噬菌体清除细菌的流程

右，与左边对应的流程中的缺点

噬菌体因为宿主范围狭窄、受体突变或掩蔽导致无法注入 DNA

细菌内部含有抗 CRISPR 系统导致系统失活

细菌靶标突变导致靶序列无法降解

（Marraffini L A，et al.，2017，Science；Bikard D，et al.，2017，Curr. Opin. Microbiol.）

CRISPR-Cas9 运输至目标细菌。另一种则是将 CRISPR-Cas 系统整合至噬菌体基因组上，再随着噬菌体感染目标菌，将含有 CRISPR-Cas9 系统的病毒基因组传递至目标细菌内，清除目标菌或耐药质粒。前者的优势在于操作相对简单些，且不含噬菌体的基因组，遗传背景明确；而后者需要在噬菌体基因组上操作，较烦琐；但有研究表明后者较前者效率要高出 2～3 个数量级，可能是因为后者还保留着噬菌体原有的突破细菌免疫防御系统的能力。

2014 年，Bikard 等利用包裹靶向金黄色葡萄球菌的抗性基因或毒力基因的 CRISPR-Cas9 系统的噬菌体，将 CRISPR-Cas9 系统导入金黄色葡萄球菌，证明不仅可以消除含有目标基因的质粒，还可以破坏载有目标基因的细菌染色体，引起细菌死亡。而且，在小鼠实验中，应用携带 CRISPR-Cas9 系统的噬菌粒成功治疗了金黄色葡萄球菌引起的表皮感染。同年 Citorik 等利用噬菌体（ΦRGN）携带 CRISPR-Cas9 系统靶向耐碳青霉烯肠杆菌和肠出血性大肠杆菌中的抗性基因和毒力基因，清除了含有目标基因的大肠杆菌，并证明该系统可以选择性地靶向含有目标基因的菌株，而对其他细菌没有影响。Park 等通过将 CRISPR-Cas 系统整合至温和噬菌体基因组，再利用噬菌体将此系统转入金黄色葡萄球菌来破坏其毒力基因，成功降低了金黄色葡萄球菌的毒性。此外，Yosef 等将 CRISPR-Cas 系统的靶向切割特性和烈性噬菌体的毒性联合应用于清除耐药质粒上的耐药基因。利用改造的温敏噬菌体递送 CRISPR-Cas 系统到耐药细菌中，该系统中编码两种 gRNA：一种靶向耐药基因，一种靶向烈性噬菌体。温敏噬菌体递送的 CRISPR-Cas 系统只让耐药菌恢复药敏基因型，同时保护它不受烈性噬菌体感染；而没有被工程化温敏噬菌体感染的耐药菌，则会被烈性噬菌体感染后裂解。除了病毒递送途径外，纳米材料递送也被一些研究者关注，比如 Kang 等将体外组装的 Cas 效应蛋白及向导 RNA 制成纳米复合物，再递送至耐甲氧西林金黄色葡萄球菌中实现 *mecA* 基因编辑。

3. 外源补充代谢底物等耐药逆转技术

细菌耐药是多样和复杂的。耐药性的产生，除已发现的特异性靶标这一经典理论外，更深入的还与细菌蛋白网络的变化有关。某些蛋白的变化可导致相应代谢途径的变化，"代谢网络"的变化与细菌耐药性直接相关，使得人们对抗菌药物作用机制和细菌耐药机制的研究，逐渐从"靶标"转向"网络"。

组学技术和系统生物学的应用，为我们揭示了细菌与抗菌药物接触后引起的进一步的内部变化。通过代谢组学技术研究发现，细菌的糖代谢和氨基酸代谢的变化，能够对代谢的中心途径三羧酸循环（TCA）造成扰动，影响呼吸链的电子传递；一些代谢途径中的产物，以及细菌所处的生长环境，能够影响细菌代谢途径的变化。

这些影响细菌生理和代谢状态的种种因素，调节着细菌对抗生素的敏感性，引起细菌耐受或耐药，甚至还能促进持留菌或生物被膜的形成；而已经对抗生素不敏感的细菌，对其生理代谢进行调节后，则能恢复其对抗生素的敏感性，使抗生素的抗菌作用增强。

近年来，细菌耐药和代谢之间的关系受到广泛关注。在培养基中加入葡萄糖、甘露醇、果糖和丙酮酸后，能够增强庆大霉素对金黄色葡萄球菌和大肠杆菌持留菌的清除效果。该研究显示，这 4 种碳源均参与到糖酵解代谢途径中，通过分解代谢产生 NADH，将还原力传递到呼吸链，产生更多的质子运动力（proton motive force，PMF），而 PMF 的提高又促进了细胞对氨基糖苷类抗生素的摄取，增强抗生素的杀菌作用，且该增效作用在厌氧条件下也有效，也不依赖于细菌处于生长还是静止状态。

这种通过代谢刺激促进氨基糖苷类抗生素对持留菌的清除的方法，不仅对体外抗生物被膜有很好的效果，而且将甘露醇与庆大霉素联用对小鼠体内生物膜感染也能起到很好的疗效，与单独使用庆大霉素相比，病灶中细菌的数量下降近 95%。另一研究也报道了类似的结果，外源添加甘露醇能够增强妥布霉素对铜绿假单胞菌持留菌的清除；如果加入 PMF 抑制剂，或敲除铜绿假单胞菌中代谢甘露醇的基因，则甘露醇对抗生素增效的作用消失。

通过气相色谱串联质谱（GC/MS）代谢组学方法研究爱德华菌中与卡那霉素耐药相关的小分子丰度，发现卡那霉素耐药菌株中果糖的丰度被大大抑制；外源添加果糖与卡那霉素耐药的爱德华菌共培养，可以使细菌对卡那霉素的敏感性提高，对持留菌和生物被膜也如此，而且在小鼠体内模型中对抗生素的增效作用也被证实，其机制主要为：果糖的代谢加速了三羧酸循环的代谢途径，产生更多的 NADH，促进了 PMF 水平的提高，增加了细菌摄取抗生素的能力。外源添加葡萄糖和丙氨酸也能恢复多重耐药爱德华菌对卡那霉素的敏感性，在其他革兰氏阴性菌（副溶血性弧菌、肺炎克雷伯菌、铜绿假单胞菌）和革兰氏阳性菌（金黄色葡萄球菌）中也有类似的结果，对抗生素增敏的作用同样也在小鼠尿路感染模型中得到验证。

研究显示，除了糖类对氨基糖苷类抗生素有增效作用，延胡索酸作为三羧酸循环中的中间代谢产物，外源添加延胡索酸也能够促进三羧酸循环的运转，激活铜绿假单胞菌持留菌的呼吸作用，产生更多的 PMF，增加细菌对妥布霉素的摄取。在另一个研究中也证实，将延胡索酸与妥布霉素联用，能够增强妥布霉素对囊胞性纤维症（cystic fibrosis，CF）和慢性阻塞性肺病（chronic obstructive pulmonary disease，COPD）病人体内分离的铜绿假单胞菌持留菌的抗菌作用，这为临床治疗持留菌引起的慢性感染提供了又一策略。基于上述研究，Su 等对糖类和碳源（或其中代谢产物）增效抗生素抗耐药菌的机制进行了系统研究，发现与三羧酸循环有关的磷酸烯醇式丙酮酸-丙酮酸-乙酰辅酶 A 的代谢途径在增效作用中起重要作用，他们将其称为丙酮酸循环（pyruvate cycle；也称 P 循环，P cycle）。

P 循环在细菌的物质代谢、能量代谢和对三羧酸循环途径的调控中发挥重要作用，外源添加的草酰乙酸、磷酸烯醇式丙酮酸、丙酮酸，以及一些能够代谢产生这些物质的糖类（葡萄糖、果糖等）和氨基酸（谷氨酸、精氨酸等），都影响着 P 循环的代谢流变化，可增强抗生素对耐药菌的作用。另有研究发现葡萄糖对达托霉素有增效的作用，其增效机制与 PMF 并没有联系。达托霉素为脂肽类抗生素，作用于细胞膜，破坏细胞膜功能以起到杀菌作用。该研究发现葡萄糖可促进达托霉素杀死处于静止期的金黄色葡萄球菌，但并非葡萄糖的添加使静止期的细菌开始生长而恢复对抗生素的敏感，也就是说这种增效作用与细菌是否处于生长分裂状态无关；除了葡萄糖，糖酵解和三羧酸循环途径中的果糖、甘油、琥珀酸也能够增强达托霉素的杀菌作用。深入研究增效机制发现，加入质子泵抑制剂羰基氰化物间氯苯腙（CCCP）对增效作用无影响，说明与 PMF 无关；对细菌葡萄糖转运系统（PTS）进行敲除后，则增效作用降低，说明细菌对葡萄糖的摄取影响着达托霉素的杀菌作用。作者由此推测葡萄糖转运蛋白可能也是达托霉素的作用靶位。

Peng 等研究发现，外源添加丙氨酸能够增强卡那霉素对耐药革兰氏阳性菌和阴性菌的作用，其机制是丙氨酸代谢促进了三羧酸循环途径的运转，产生 PMF，进而促进细菌对卡那霉素的摄取。而在另一个研究中，研究人员通过蛋白质组学和代谢组学技术发现，添加丙氨酸可降低一系列抗氧化酶和调节基因 $oxyR$ 的表达，促进活性氧（ROS）物质的产生。因此，外源添加丙氨酸对增强氨基糖苷类抗生素杀菌作用有着双重作用：一是增加细菌对抗生素的摄取，二是促进了 ROS 的产生。除了丙氨酸外，还有其他氨基酸也能够影响抗生素的敏感性。

外源添加 L-丝氨酸能够使大肠杆菌敏感株和临床分离的氟喹诺酮耐药菌株对氟喹诺酮类药物的敏感性提高，增效作用与细菌的生长状态无关，对大肠杆菌持留菌也有效果。相关机制可能为：丝氨酸在细菌内代谢为丙酮酸后，进一步转化为乙酰辅酶 A，从而为三羧酸循环提供了底物，促进了 NADH 的产生，进而活化电子传递链，形成大量超氧自由基，破坏铁硫簇，释放亚铁离子，催化 Fenton 反应产生羟基自由基，最终引起细菌死亡。在体外研究结核分枝杆菌时，异烟肼或利福平分别与半胱氨酸联合给药，可以避免结核分枝杆菌耐药性和持留性的形成；转录组学研究表明，细菌胞内半胱氨酸的代谢提高了胞内 ROS 水平，增强了抗结核药物的杀菌作用，该法在小鼠巨噬细胞感染模型中也得到了确证。将庆大霉素与 L-精氨酸联用，能够提高金黄色葡萄球菌、大肠杆菌和铜绿假单胞菌对庆大霉素的敏感性，对这些菌形成的生物被膜的清除率在 99％以上。

（五）抗菌药物的合理使用研究进展

微生物发生耐药突变与抗生素在临床中的不合理使用密切相关，因此，应用抗生素过程应在充分考虑疗效的基础上，采取合理的措施，尽量减少或者避免引起细菌耐药。目前，临床上的抗生素应用策略是以最小抑菌浓度进行治疗，将敏感细菌杀死或者抑制其活性，进而通过宿主的防御系统清除病原菌，从而有效控制感染。但反复长期以这种策略应用抗菌类药物可导致菌群中的突变细菌转变成优势菌群，从而引起不同程度的细菌耐药，并促进耐药性在菌群之间迅速传播。因此，建立合理有效的治疗策略，在控制感染的基础上，预防细菌耐药的发生及发展非常必要。根据细菌耐药突变选择窗理论，优化临床抗菌药物的给药方案，选择最合适的药物联合使用，是控制混合性细菌感染及重症感染，并降低细菌耐药率的有效治疗策略。

1. 抗菌药物的合理应用

染色体上发生的突变逐渐累积可引起临床相关的耐药性。由于有些抗菌剂更容易诱导某些细菌发生耐药突变，因而细菌和不同的抗菌药物之间的配对所导致的突变率不同，对于染色体上突变累积产生的耐药性，针对不同的细菌，选择合适的抗菌药物和细菌配对、选择合理的抗菌药物联合应用和应用适当剂量，可能减少新型耐药性的发生。相比之下，通过水平基因转移产生的耐药性，例如通过细菌接合转移耐药质粒的方式可以使非耐药菌产生耐药性，这种类型的抗性转移在人类大肠的多种菌群尤其常见。这种耐药性的发生也是医院获得性感染中对抗生素产生耐药的主要原因，要想减缓这种耐药性的进展是非常困难的。基于防突变浓度、突变选择窗理论的药代动力学-药效学同步关系研究，可以改善治疗效果，并减少耐药性出现的风险。

（1）细菌耐药突变选择窗理论

传统的观点认为，血药浓度应达到最低抑菌浓度（minimum inhibitory concentration，MIC）之上才能发挥抗菌作用，当药物浓度低于 MIC 时，由于没有选择压力而不会导致耐药突变株的选择富集。在 MIC 上还有一个细菌的防突变浓度（mutant prevention concentration，MPC）。MPC 主要是指在预防细菌耐药菌株选择性地被富集、扩增时所需抗菌药物的最低浓度。大量研究显示，当抗菌药物的浓度位于 MIC 与 MPC 之间时，可选择性地富集和扩增耐药突变菌株，从而引起耐药，这个范围被临床定义为细菌耐药突变选择窗。当药物浓度高于 MPC 时，细菌必须同时产生两种或两种以上耐药突变才能生长，而在自然条件下同时发生两次耐药突变的频率非常低。因此，通过耐药突变选择窗理论，可预防耐药突变菌株及不敏感菌株发生选择性富集和扩增，有效抑制细菌耐药的发生和传播。

（2）基于突变选择窗的 PK/PD 模型

药代动力学（PK）描述了抗生素在体内吸收和转化达到的血药浓度及其经时过程。药效学（PD）阐述了抗生素进入患者体内后的治疗效果及其作用机制。建立 PK/PD 模型来指导抗生素的给药方案，在防止微生物发生耐药突变方面具有非常重要的临床意义。目前的 PK/PD 模型是将 MIC 作为衡量抗生素药物发挥抑菌效果的最重要参量，同时结合药时曲线下面积、消除半衰期、峰浓度三项参数，对抗生素抑制细菌生长能力进行量化。由于细菌耐药大都需要经过两个过程，首先是菌株自发的突变导致了耐药性突变的产生，之后突变的菌群因为耐药优势得到了选择性增菌。目前已知细菌发生自发耐药突变的概率大概是 1×10^{-7}，传统基于 MIC 的用药方案，虽能有效地杀死未发生耐药突变的敏感菌群，却会导致已经突变的耐药菌株亚群被选择出来，从而导致抗生素治疗浓度增加及治疗效果下降。

防耐药突变浓度概念和突变选择窗理论的提出为 PK/PD 模型提供了新的参量指标，提示临床抗生素应用应从原来的单方面追求治疗效果转移到防治耐药突变菌株的生长上，并通过关闭或缩小突变选择窗的方法，指导临床抗生素药物的合理使用，有助于防止耐药突变菌的蔓延和产生。区别于以往基于 MIC 的 PK/PD 模型，基于突变选择窗的 PK/PD 模型以 MPC 作为量化指标，提高抗生素的用药浓度，使其达到 MPC 值，由于发生耐抗生素突变的菌株继续产生第 2 次对同一种药物的耐药突变的概率大概是 1×10^{-14}，这种情况出现的概率极低。因此，在此浓度下即可有效地杀死病原菌，又可以防止发生一步耐药突变的菌株残留及扩大生长。

（3）基于突变选择窗理论的用药策略

新的 PK/PD 模型的构建对预防菌株耐药突变产生的临床合理给药策略具有非常重要的指导作用。根据突变选择窗理论，关闭或缩小突变选择窗有利于降低或者避免耐药突变菌株的产生。缩小 MSW 的方法主要有两种，一是缩小血浆、器官或者组织中的药物浓度在 MSW 之中停留的时间。在首次用药时使药物能够快速达到峰浓度并且经过 MSW，而使其剩余治疗时间维持在 MPC 之上，并且使突变型选择时间最大限度地降低。二是缩短 MIC 与 MPC 之间的距离。从 MSW 理论出发，为降低或者避免细菌突变菌株发生选择性富集，预防发生细菌耐药，可以选择 MSW 较窄、MPC 较低的药物进行治疗。另一种方法是使药物浓度能够尽快到达 MPC，从而缩短药物浓度达到 MSW 所需的时间。也可以联合应用两种或者多种药物而降低其 MPC，并有效缩小 MSW。但窄 MSW 及低 MPC 的药物较少，大部分药物难以获得超过 MPC 的血浆或者组织浓度，因为在该浓度下通常会引起严重毒副反应。

现有的研究表明，联合给药的方式能够很好地缩小或者关闭突变选择窗，并受到越来越多认可。将两种具有相似的 PK 以及不同的抑菌机制的抗生素联合起来同时应用，当其浓度达到 MIC 以上时，即使一方或者双方的 MPC 值很高，细菌也必须同时发生两个不同的突变才能够被选择出来，而这种概率极低，能够很好地关闭突变选择窗，从而防止耐药突变菌在此浓度下被选择出来并蔓延。当两种或者多种抗菌药物的药代动力学特征相似时，可通过调节用药剂量及处方使这些药物在治疗中维持其 MIC，从而获得较为满意的疗效。

2. 抗菌药物的联合使用

面对抗生素耐药性日益发展，临床上使用单一药物的治疗策略不足以解决问题。除了研究发展新型抗生素药物外，可以通过联合用药提高已有抗生素疗效，联合用药可以有效地延长药物在抗生素耐药性环境中的有效寿命，而且能更有效地预防耐药性的发展。基于药物打靶位点，联合用药策略可分为三类：打靶不同途径的靶点（例如异烟肼、利福平、乙胺丁醇和吡嗪酰胺治疗结核分枝杆菌感染）；不同药物组分打靶同一途径的不同靶点；不同药物组分打靶具有多种机制的相同靶点（例如链球菌素和维吉尼亚霉素）。

（1）作用于不同途径的靶点的药物组合

将靶向不同途径的药物组分联合应用是研究得最为充分的方法，也是抑制抗生素耐药性发生的最成功的方法。为了进一步提高药效，同时减少必要的药物浓度，将多药组合方法与局部药物递送相结合是能够延长和恢复现有抗生素库药效的最有效方案。一项整合分析（包括来自 8 个随机对照试验的数据）比较了氨基糖苷/β-内酰胺联合疗法和 β-内酰胺单一疗法，以观察抗生素耐药性的出现。结果显示，与 β-内酰胺类药物单独治疗相比，氨基糖苷/β-内酰胺联合疗法降低了耐药性的发展。Bonhoeffer 等使用数学模型评估联合治疗在淋球菌治疗中是否有用，结果也显示，联合治疗可以有效预防耐药性产生。

动物模型上的研究表明，在 β-内酰胺疗法中加入氨基糖苷类抗生素可以防止耐药性的发展，特别是在铜绿假单胞菌的治疗中。在囊性纤维化患者中进行的人体试验也表明，与应用单一药物治疗相比，在联合治疗期间，铜绿假单胞菌出现耐药突变的频率较低。不管给药途径如何，许多针对不同途径的有效药物组合并不严格限于抗生素之间的组合，也扩展到抗生素与非抗生素佐剂的组合。此外，如果对于休眠细菌，同时抗休眠和打靶细菌也具有很好的效果。例如，将抗休眠剂吡嗪酰胺和利福平联合用于治疗结核病，化疗时间可从 18 个月缩短到 6 个月。

（2）作用于同一途径中的不同靶点的药物组合

组合策略也可以作用于同一途径中的不同分子。尽管同这种组合策略比作用于不同路径靶点的药物组合多样化程度要低，但是如果选择了合适的路径，也是一种非常有效的策略。有两个参数限制了路径的选择。首先，靶向的途径必须代表绝对的生存需求，例如叶酸是合成 DNA 的前体 dTMP 所必需的。其次，路径不能是冗余的，因为冗余路径使这种策略倾向于促进耐药菌的产生。将同一条路径中的两个步骤作为靶标，虽然在面临抗生素耐药性不断上升的情况下是一个危险的策略，但在许多情况下仍比单药治疗更有效。

（3）作用于同一靶标的药物组合

经典的例子是靶向细菌核糖体的抗生素。对一种半合成的双药物组合 synercid 的研究证明了这种方法的实用性，其中两种药物组分分别与 50S 核糖体亚基的相邻区域结合，结果显示，抑制效果比单独使用任一种药物组分有效 10～100 倍。

（4）治疗多种微生物感染的抗生素组合方法

除了对单一病原体有效之外，组合疗法对于治疗多种微生物混合感染也是至关重要的。在很多感染中存在不止一种病原体，药物联合应用具有同时快速靶向多种病原体的能力，目前已经成为抗击感染的有价值的工具。重要的是，联合疗法不必仅限于两种成分的药物组合，与两种抗生素组合相比，三种抗生素组合，例如 β-内酰胺类抗生素、糖肽类抗生素和氨基糖苷类抗生素的组合，被证明对 MRSA 菌株更有效。此外，具有不同作用机制的抗生素的组合如蛋白质合成抑制剂（大环内酯、氨基糖苷、四环素、林可酰胺和氯霉素）、DNA 合成抑制剂（氟喹诺酮和喹诺酮）和叶酸合成抑制剂（磺酸）的组合，已被证明对多微生物感染特别有效。

虽然在临床应用中，通过抗生素组合或抗生素和不同机制的佐剂联合在治疗中显示了良好的效果，但所有应用于组合的药物必须仔细考虑药物间的相互作用、复合比和给药方案的影响，以及各药物的吸收率和代谢率。同时也要考虑各组分对微生物宿主细胞的毒性以及微生物种群中有价值的共生微生物的影响。建立和发展基于细菌耐药 MSW 的新型 PK/PD 模型，可为优化临床用药组合以抑制细菌耐药突变提供有效指导。但是，目前基于新型 PK/PD 模型的试验研究所涉及的抗生素种类和细菌种类有限，且多为体外试验，尚待进一步结合药动学和体内实验研究证实。

（六）抗菌药物佐剂研究进展

1. 抗菌药物与免疫增强剂联用研究

探索新的抗感染治疗途径至关重要。免疫调节法是一种潜在的抗感染疗法，它以宿主为作用导向而非直接作用于病原体，以调动宿主机体的天然免疫机制来提高治疗效果。这种疗法的目的是启动或增强保护性抗菌免疫的同时限制炎症诱导的组织损伤。现如今已经有一系列潜在的免疫调节剂被研究人员发现，包括固有防御调节肽和参与固有免疫的一些成分的激动剂，如 Toll 样受体和 NOD 样受体。

免疫调节疗法具有很多优势。其直接靶向宿主而非病原体的作用特点，可以在很大程度上避免微生物抗性进化的选择性压力。实际上，刺激适应性免疫在数十年的临床使用中仍然具有抵抗微生物抗性的能力。此外，先天免疫防御的非特异性表明，它们的调节能针对一系列的病原微生物，为机体提供广谱的保护，从而能在高危人群中进行预防性使用，并在确定具体的致病因子之前进行早期治疗。

探索能够增强抗生素对宿主作用的这类小分子是比较有价值的。例如，中性化合物链脲菌素就是一种筛选出来的微生物天然产物提取物，可作为巨噬细胞对变形链球菌的杀伤活性增强剂。它的作用机制是通过磷酸肌醇 3-激酶途径刺激巨噬细胞活性，导致 NF-κB 的上调。这种筛选策略很有潜力作为鉴定其他 Ⅱ 类抗生素佐剂的方式。

然而，在一些炎症性疾病、败血症和病毒性呼吸道感染中，先天免疫的不适当激活可导致有害的促炎反应和组织损伤。因此，免疫调节疗法的成功应用需要受到控制的保护性免疫刺激，同时不增加全身促炎反应。需要在免疫调节之间取得平衡以增强抗生素抵抗病原微生物的活性，同时要避免因免疫系统过度活化而给宿主带来的有害影响。随着我们对固有免疫复杂机制不断深入的理解，免疫调节疗法会得到进一步的发展（图 2-5）。

目前正在研究的一种免疫调节方法是靶向固有免疫受体，包括 Toll 样受体（TLR）和 NOD 样受体（NLR）。Toll 样受体已被证明在抗菌免疫反应中有着重要作用。研究人员已经对 TLR 和 TLR 的配体进行了研究，并发现了许多可作为 TLR 调节剂的小分子。在这些分子中，许多都是基于细菌成分或天然产物设计的。同时，计算机筛选和生物工程也被应用于抗菌相关 TLR 配体的研究。

调节激活 TLR 的反应有两种可能的方法，这两种方法通常都使用天然配体的类似物。激动剂对固有免疫反应途径有辅助的作用，它帮助促进保护性反应，同时也可能增强炎症反应。相比之下，拮抗剂可以抑制免疫途径和潜在的有害炎症，这些炎症与感染或与细菌菌群的免疫相互作用改变有关（称为生态失调）。然而，拮抗剂也可能抑制了机体的保护性机制。

过去的几十年来，合成小分子主要是能够靶向 TLR 的药物。设计这些合成小分子的一个主要思路就是模拟天然组分。

（1）脂多糖（LPS）类似物

LPS 是一种内毒素，是革兰氏阴性细菌细胞壁的组成部分之一。通常 LPS 被 TLR4 识别，然后诱导炎症反应。一般来说，TLR 触发的炎症反应有助于杀死外源的病原微生物，但如前所述，细菌诱导的持续炎症反应对宿主有害，甚至导致宿主的死亡。因此，LPS 类似物一般被合成为 TLR4 拮抗剂，用来降低 LPS 引起的炎症反应和增加细菌攻击宿主时宿主的生存能力。

LPS 包括三个区域：第一个是类脂 A，是内毒素的关键部分；第二个是核心多糖；第三个是由 O 抗原组成的多糖。抗菌药物的设计通常集中在 LPS 的第一

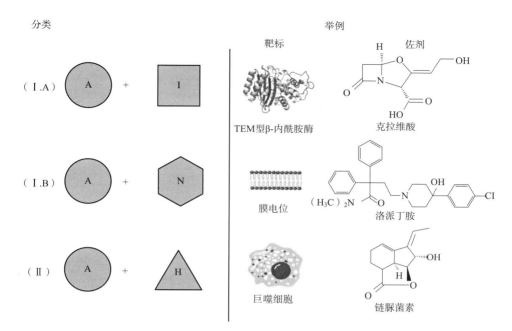

图 2-5　抗生素佐剂分类及主要协同机制

　　抗生素佐剂可分为两类。与抗生素（A）联合使用时，Ⅰ类佐剂可抑制细菌对抗生素的耐药性，而Ⅱ类佐剂可增强宿主（H）杀死细菌的能力。
　　Ⅰ类佐剂可进一步细分：Ⅰ.A 类，其抑制（Ⅰ）活性抗性机制，例如通过基因转移导入的失活酶、旁路机制、外排泵等；Ⅰ.B 类佐剂为非抗生素（N）类化合物，其阻断被动或内在的抗性机制，包括革兰氏阴性细菌外膜等渗透屏障和生物被膜等。

个区域，一般以抑制类脂 A 的生物合成、抑制 Kdo（连接类脂 A 的残基）的生物合成或抑制内毒素 LPS 与宿主受体 TLR4/MD2 复合物之间的相互作用来实现抗菌效应。E5531 和 E5564 是之前报道过的两个经典例子。E5531 是一种稳定的内毒素拮抗剂，是基于荚膜红细菌的无毒类脂 A 合成的。体外实验表明，E5531 通过降低人单核细胞中的促炎性因子（如 TNF-α、IL-1β、IL-6、IL-8）以及鼠巨噬细胞中的促炎性因子（如 NO），能够显著抑制 LPS 介导的炎性反应。

　　体内实验显示 E5531 保护小鼠，使其免受 LPS 诱导的致死性感染。此外，E5531 在与抗生素联合治疗时，可明显提高小鼠的生存能力。E5564 是类脂 A 的第二代合成类似物，它缺乏 LPS 结合蛋白分化簇 14（CD14），从而抑制 LPS 和 TLR4 之间的相互作用。此外，E5564 也能显著抑制 LPS 介导的 TNF-α 和 IL-6 的产生。无论是在临床前期研究阶段还是在Ⅰ期临床研究阶段，E5564 都被证明是安全有效的。遗憾的是，其由于Ⅲ期临床阶段缺乏效力而失败。此外，LPS 的衍生物糖脂和苄基铵脂也被用作类脂 A 拮抗剂。

　　值得一提的是另一种类脂 A 类似物——AGP，与上述的例子不同，它们在功能上与 TLR4 激动剂的效果是一样的。如我们所知，土拉弗朗西斯菌（*Francisella tularensis*）是一种能够引起人畜共患病——土拉菌病的革兰氏阴性菌，这种菌只能诱导微弱的 TLR4 信号转导。因此，对 TLR4 激动剂的研发是一种有效对抗土拉弗朗西斯菌感染的方式。

研究表明在土拉弗朗西斯菌感染前用 AGP 进行处理，可促进机体产生对抗感染的细胞因子和炎症反应，并减少细菌在肺、肝和脾中的复制，提高宿主存活率。在巨噬细胞和树突状细胞体外试验中，AGP 527 是比 AGP 524 更有效的细胞因子应答诱导剂。

天然产物已被应用于多个与 TLR 相关的抗菌领域。

（2）处理全菌

幽门螺杆菌是一种能够引起胃炎、消化性溃疡、胃癌和黏膜相关淋巴组织淋巴瘤的病原菌。Zhao 等用灭活的幽门螺杆菌（HKHP）处理 MONO1 细胞，通过激活 TLR2 的细胞外调节蛋白激酶（ERK）和 p38 MAPK 通路刺激产生 IL-8。Zhang 等发现灭活的铜绿假单胞菌（HKPA）可以剂量依赖性地诱导 TLR2 和 TLR5 介导的反应。此外，Bahri 等人报道的无名假丝酵母菌在应用于 TLR 相关的抗菌途径中也发挥了较大的潜能，它可以触发 TLR2、4、6 的高表达，进而产生 IL-1α（促炎反应）和人 β-防御素 1、2、3。

（3）细菌组分

除了应用预处理过的全菌，使用菌体中纯化的组分也可以成为一种对抗细菌感染的有效方法，因其对病原菌具有较好的特异性而成为更好的选择。

单磷酰脂质 A（MPLA）是一种来源于 LPS 的 TLR4 配体，可促进效应 CD8$^+$ T 细胞的增殖和分化，已被批准为疫苗佐剂。同时，值得注意的是，并非所有的脂多糖都是 TLR4 信号的激动剂。研究表明，牙龈卟啉单胞菌诱导的四酰化脂多糖 LPS 和大肠杆菌诱导的五酰化脂多糖 LPS 可作为拮抗剂，抑制大肠杆菌六酰化脂多糖 LPS 与人内皮细胞的 TLR4 结合。类似的还有来自光合细菌的类球红细菌，它的 LPS 是针对来自致病菌 LPS 的有效拮抗剂。同样，Majewska-Szczepanik 的实验表明，用 CpG（TLR9 识别的细菌 DNA 序列中的免疫刺激物）和磷酸胆碱偶联的牛血清白蛋白处理小鼠，能够导致小鼠肺匀浆中肺炎链球菌的数量变少。

肺炎链球菌溶血素（PLY）是肺炎链球菌的主要毒力因子，可通过 TLR2 和 TLR4 诱导活化转录因子 3（ATF3），继而 ATF3 为肺炎链球菌的感染提供保护。Verwaerde 等发现肝素结合血凝素（HBHA）是潜在的候选疫苗。他们证明，在 MPLA 佐剂的作用下，HBHA 可以保护小鼠免受结核分枝杆菌的侵袭。另外，通过研究宿主-微生物的共生关系也发现了一些有潜力的化合物。研究表明脆弱拟杆菌的多糖 A（PSA）可诱导免疫耐受。基于这一特性，PSA

可用于减轻细菌引起的急性炎症损伤。

（4）植物提取物

姜黄素是香料姜黄的主要成分，可作为 TLR4 拮抗剂。研究表明姜黄素可与 MD-2 结合，覆盖脂多糖的结合位点，从而阻断 TLR4 的二聚化，抑制 MyD88 和 TRIF 依赖途径。同样，紫杉醇可以通过脂多糖结合位点与人 MD2 结合，抑制 TLR4 炎症信号转导。这些研究数据为我们在今后治疗由细菌引起的急性和慢性炎症疾病中提供了潜在的选择方案。

（5）抗生素

抗生素是来自微生物或更高级动物和植物的次级代谢产物。它们因具有抗菌作用而得名。一些抗生素除了直接作用于细菌外，还具有免疫调节功能，可以介导 TLR 信号通路。衣霉素是由溶葡萄球菌链霉菌释放的一种核苷酸类抗生素，对革兰氏阴性菌有抑制作用。研究表明，衣霉素可抑制 RAW264.7 细胞中诱导型一氧化氮合酶（iNOS）、环氧合酶 2（COX-2）、IL-1β 的 TLR2 或 TLR3 依赖性表达，从而抑制急性炎症。Foldenauer 的实验结果证明雷帕霉素和哺乳动物雷帕霉素靶蛋白（mTOR）在铜绿假单胞菌诱导的细菌性角膜炎中调节 IL-10，它们在平衡促炎和抗炎反应中是重要的。

2. 抗菌药物与协同增效剂联用

耐药性病原体的发病率不断上升，制药界和科学界对此广泛关注，并开始研究植物源物质潜在的协同抗菌活性，这使得草药的使用在全世界范围内再次兴起。以植物草药为基础的医药系统继续在医疗保健方面发挥重要作用，同时它们在不同文化背景国家中的使用早有记录。例如，黄连被用于治疗炎症感染，它的体外抗菌活性归因于生物碱，其中主要是小檗碱。

植物是各类化合物的重要来源。在热带雨林的高等植物中，仅仅有部分被探索用于分离新的化合物。在近 30 万种高等植物中，只有大约 6％进行了药理学研究，只有大约 15％进行了植物化学研究。生物活性化合物的潜在来源也是对先前假定为非活性的代谢物的再研究，这些代谢物占已知代谢物的 60％。例如，美国 FDA 批准的抗真菌药物萘替芬（naftifine）被发现是强效 CrtN 抑制剂，并且在小鼠感染模型中，能够减弱包括耐甲氧西林金黄色葡萄球菌（MRSA）菌株在内的各种临床金黄色葡萄球菌菌株感染小鼠的毒性。据估计，用于人类治疗的上市药物总数大约为 3 500 种，不足所有已知化学药物的 0.01％。

协同作用在植物药中至关重要，可以解释草药产品中明显低剂量活性成分的功效。协同作用这一概念提出的基础在于植物提取物比单一分离成分更具优势。例如提取物成分之间的相互作用导致溶解度增加，从而提高活性化合物的生物利用度，就会产生协同效应。提取物的不同防御成分与不同靶标的相互作用也促进了协同作用，增强了植物的防御系统。例如，在番茄中，生物碱、酚类物质、蛋白酶抑制剂和氧化酶表现出协同作用，影响昆虫的摄食、消化和代谢过程；在烟草中，胰蛋白酶抑制剂和尼古丁对甜菜夜蛾的防御反应表现出协同作用。大多数针对病原体入侵而合成的化合物并不一定是抗菌的，这类化合物可能具有调节功能，间接提高植物的抗性水平。当抗生素与拮抗细菌耐药机制的药剂合用时，可发生协同作用。植物提取物作为抗生素增效剂和毒力消减剂已被深入研究。

植物能够产生抗药性抑制剂以确保抗微生物化合物的呈递这一功能已经广泛报道。如前所述，由于耐药机制在环境和临床环境之间的共通性，这些有趣的化合物可能直接应用于临床感染。还有其他研究工作来揭示抗菌和非抗菌微生物分子之间的相互协同作用，其中大部分在抗真菌领域，如一些唑类抗真菌剂与由青霉属（*Penicillium* sp.）产生的一组称为柠檬酮的小分子之间的显著协同作用；大黄的主要抗菌成分大黄酸的活性通过抑制细菌多重耐药性（multi-drug resistance，MDR）而使抗生素活性增强了100～2 000倍（取决于细菌种类）；用白花丹素、白藜芦醇、棉酚、香豆素和小檗碱做实验，观察到了相当的抗菌增效作用。

将抗生素泵出细胞的能力是大多数环境微生物及其致病亲属的共同特征，因此，外排泵抑制剂（EPI）可能很容易在自然界找到。已经证实，抑制外排泵（EP）会导致大量植物次生代谢产物的活性显著增加，例如，产生小檗碱的小檗属药用植物也合成了金黄色葡萄球菌的抑制剂。斯塔夫里等人描述了不同细菌的EPI，如植物生物碱利血平、小檗碱和甲氧基黄酮和异黄酮，它们揭示了其对主动外排的抑制活性。来自艾蒿的化合物 $4'$，$5'$-O-二咖啡酰奎宁酸被鉴定为对多种革兰氏阳性病原菌具有靶向外排系统的EPI。

目前已鉴定的绝大多数EPI对革兰氏阳性菌特别是金黄色葡萄球菌有活性，迫切需要寻找对MDR革兰氏阴性菌有效的EPI。极少数对革兰氏阴性菌有活性的EPI可能具有细胞毒性。最近的数据表明，肠杆菌的AcrAB-TolC和铜绿假单胞菌MexAB-OprM主动外排系统参与了革兰氏阴性菌对大多数天然产物的耐药性。Garvey等人认为草药中含有革兰氏阴性菌的EPI，因为大多数植物细菌病原体是革兰氏阴性菌。从当归提取物中鉴定出马钱子醇、油酸和亚油酸，可与抗生素表现出协同作用。其协同机制可能是通过对AcrAB-TolC的外排抑制。意大利蜡菊的精油显著降低产气肠杆菌、大肠杆菌、铜绿假单胞菌和鲍曼不动杆菌的多重耐药性。香叶醇存在于精油中，显著提高了β-内酰胺类、喹诺酮类和氯霉素的疗效。

在研究中，植物粗提物及其与常规抗生素对MDR病原体发挥的协同作用被广泛证实。Ahmad等人研究报道，印度某药用植物的粗提物与四环素和环丙沙星对产ESBL的MDR肠道细菌有协同作用。Barreto等人表示鸭跖草茎皮提取物中的乙醇和己烷增强了新霉素和阿米卡星对金黄色葡萄球菌（SA10）的抑菌能力，同时表明在有来自黑麦草的精油情况下，对于 MRSA 而言，新霉素和丁胺卡那霉素合用时最小抑菌浓度（MIC）降低至原来的 1/10。Betoni 和合作者也观察到巴西某药用植物提取物与八种抗生素之间的协同相互作用。Yap 等人描述了许多协同作用的例子，其中精油已被发现可降低抗生素治疗感染的最小有效剂量。Aumeeruddy-Elalfi 等人报道了木香精油与庆大霉素联合用于抗大肠杆菌和表皮葡萄球菌，并表现协同作用。

　　Franam 等对唐菖蒲、毛菖蒲中的甲醇提取物对包括耐多药表型在内的 29 株革兰氏阴性菌的抗菌活性和抗生素抗性联合活性进行了研究。当将来自 *C. molle* 的叶子提取物（在 1/2 MIC 和 1/4 MIC）与氯霉素、卡那霉素、链霉素和四环素结合时，观察到对 MDR 细菌的抗生素调节作用的百分比在 67%～100%。Tankeo 等人发现多花苜蓿叶提取物（在 1/2 MIC）和四环素、卡那霉素对包含表达 EP 活性在内的 MDR 表型的革兰氏阴性菌具有的协同抑菌作用。另外，在野生蘑菇的提取物中，这些提取物与抗菌药物（青霉素、氨苄西林、阿莫西林/克拉维酸、头孢西丁、环丙沙星、复方新诺明、左氧氟沙星）在对抗大肠杆菌、ESBL 大肠杆菌和 MRSA 时具有协同作用。

　　图 2-6 列举了几种植物来源的与抗生素协同抗耐药菌的萜类成分。

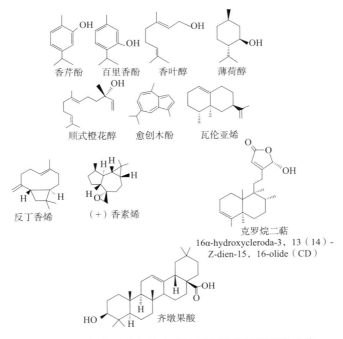

图 2-6　植物来源的与抗生素协同抗耐药菌的萜类成分

第三章　兽药（化学药物、中兽药）科技重点任务和重大项目建议

第一节　兽药（化学药物、中兽药）科技重点任务

围绕建设国际一流学科、国际一流科研院所的目标，面向国际前沿，面向产业重大需求，面向国家经济主战场，完善创新体制机制，构建技术创新平台，培养高水平专业人才队伍，夯实新兽药创新基础和理论，促进兽药创新方法和技术，突破产业共性关键技术，创制标志性兽药新产品，破解兽药行业产品短缺瓶颈，保障食品安全和公共卫生事业健康，推动畜牧养殖业持续发展。

加强兽药创新能力和人才队伍建设，形成完善创新体系。依托高校、科研院所和技术雄厚企业，建设新兽药筛选、新制剂与新释药系统技术、临床（前）药物代谢动力学技术、临床（前）药效学评价技术国家（或省部级）工程中心和重点实验室，制定科学合理的药效和毒性评价技术规范，完善适合我国国情的创新兽药技术评价支撑体系。建立创新人才的激励机制，重视对兽药行业急需的科技创新、质量管理、国际化运作等方面人才的培养和引进，充分调动科技人员的积极性和创造性，确保一批高层次学科带头人潜心从事兽药科学研究。

加强兽药科技创新。充分利用高新技术，加强兽药创制基础研究，研发兽药高效创制的理论、方法和技术；开展耐药性流行病学调查，研究耐药性控制策略；进行抗生素代谢转化与残留研究，制定残留检测标准，提供抗生素二次开发基础；秉持"同一个世界，同一个健康"理念，开发高效、安全、低残留动物专用新型兽用化学药物；调查、开发、利用中药资源，基于中兽药理论，创制新型中兽药；在调整动物机能研究基础上，研发抗生素替代物；加强技术协同创新，研究动物用原料药与制剂生产新关键技术；结合我国动物疾病和细菌、寄生虫耐药性的流行特点，采用鸡尾酒疗法策略研发兽药新制剂；加大辅料研究，开发高效、长效和靶向缓控释制剂、浇泼剂和微胶囊剂等高技术制剂；加大宠物、水产动物和经济动物用药研究，破解产品短缺瓶颈；综合药动学-药效学（PK-PD）、基于生理学的药动学建模技术（PBPK），研究高效合理用药技术；研发便于给药的群体给药技术、产品及装备。

积极调整兽药产品和产业市场的结构。顺应国家相关产业的发展趋势和人

民关切的食品安全问题，优化产能，调整产业结构。引导企业根据自身的特点和优势，做好产品的定位工作，避免工艺简单、技术含量低的产品重复报批和生产，降低市场产品同质化现象的出现。进行科学合理的兽药企业兼并重组，增强企业的国内外综合竞争力；加强知识产权保护，重点培植具有自主知识产权和知名品牌的大型兽药企业集团，提高产品附加值，提升我国在世界兽药产业链中的地位。

第二节　兽药（化学药物、中兽药）科技重大项目建议

一、基础与前沿研究

1. 动物药用化合物的设计筛选技术研究

动物药用化合物发现及作用机制研究的新技术与新方法；基于组学筛选药物靶标；动物抗炎药用化合物的发现与作用机制研究；以天然抗寄生虫活性分子和修饰过的化学小分子为探针，寻找潜在的生物靶分子，研究活性小分子与生物靶分子相互作用、分子识别、信息传递等生命过程的小分子调控机理，并发现新颖动物药用化合物；依据细菌耐药机理和抗菌药物靶点结构信息，综合合理性药物设计中配体设计和优化方法及非合理性设计优势，在作用机理研究基础上发现新型抗菌小分子先导物。

2. 兽药残留分析中基体标准物质的研究

整合基体标准物质国内现有资源，编制我国兽药原药与代谢物的混合兽药基体标准物质体系表，构建全面、丰富的基体标准物质库，研究制定我国基体标准物质中期发展规划。研制新鲜、未经加工处理的基体标准物质及其包装、保存条件，开展不同类型、不同参数、不同含量水平的基体标准物质制备技术研究，并研究定值技术和不确定度评定方法，研究提出多参数痕量水平基体标准物质生产和评价技术规范。组织/参加国际比对或相关的能力验证，示范应用相关技术和产品。

3. 畜禽重要病原菌耐药机制研究

开展大肠杆菌等畜禽重要病原菌对抗生素的耐药应答规律研究，阐明参与耐药应答的关键活性分子、信号传导通路与调控网络；揭示病原菌耐药形成相关的生理特征及调控机制，阐明其分子作用机理，挖掘潜在的耐药新基因或耐药突变位点，为抗生素耐药性防治策略制定和新型抗感染药物研发奠定基础。

深入研究修饰酶、外排泵、生物被膜等介导的抗生素耐药机制，揭示畜禽临床病原菌对 β-内酰胺类、酰胺醇类等重要抗生素耐药的新机制。

4. 畜禽重要病原菌耐药性检测和监测研究

针对畜禽重要病原的耐药株和耐药基因，研发灵敏、高通量、简便的检测技术及产品，制定耐药性评价技术标准或规程，建立畜禽耐药病原菌/耐药基因高通量检测技术平台，构建畜禽病原耐药性监测技术体系。建立畜禽用药和病原菌耐药基因数据库、耐药病原菌分子分型与遗传特征数据库，探索建立畜禽病原菌耐药性预测模型。为抗生素耐药性风险评估和控制提供基础数据、理论依据与技术手段。

5. 兽用抗菌药物肠代谢及其与肠道菌群相互作用研究

对经肠道菌群作用后的代谢产物进行分离和纯化，确定结构；对肠道内容物、粪便、血、尿和胆汁中代谢产物的含量进行分析，确定代谢途径和体内过程；使用无菌或伪无菌、悉生动物和普通动物进行比较，进一步明确肠道菌群在兽药有效成分代谢转化过程中的作用；对经肠道菌群作用后的代谢产物富集和纯化，对原型化合物和其代谢产物的药理活性进行比较。

6. 多动物种属兽用抗菌药物代谢研究

开展兽用抗菌药物在多动物种属体内的吸收、分布、代谢与排泄研究，确定药物的代谢途径以及代谢产物的化学结构。对母体药物和代谢产物进行药效学和毒理学比较；研究兽用抗菌药物在多动物种属体内参与代谢的酶，分析各类代谢酶的特征、催化机理、催化动力学以及酶的化学结构、三维构象、活性部位、基因表达与调控等；探讨种属、种族、遗传、年龄、性别、疾病状态、外源性化学物质等因素影响各类药物代谢酶活性，进而影响药物的体内过程、临床疗效和药物间相互作用的方式和规律，促进新药开发、剂型设计和临床合理用药。研究多动物种属用药的药物动力学，明确新化合物的体内过程特点。

7. 复方中兽药配伍机理、作用靶标及作用机制研究

选择兽医临床长期应用的中兽药品种，整合运用多学科方法开展复方配伍理论和优化技术研究，基于增效减毒和相互作用，建立中药复方体外与体内有效组分的解析关键技术，形成组分配伍创制现代中兽药的技术规范，并形成中药配伍和量效关系研究模式，进行基于肝药酶代谢、P-糖蛋白调控等作用靶标及相关信号转导通路的作用机制研究，为中兽药新药创制提供方法和技术支撑。

二、重点产品、装备创制与共性技术研究

1. 动物用原料药与制剂生产关键新技术研究

改良优选微生物发酵的菌种，优化发酵过程放大技术，开发符合规模化生

产要求的分离纯化新技术；针对手性合成反应和拆分技术瓶颈，开展催化剂、催化工艺和拆分剂、拆分方法等关键技术的研究和产业化应用；针对化学合成高污染、高成本、高能耗和低收率环节，开展生物合成技术研究，构建生物合成酶和相关技术体系，建立规模化生产工艺；针对晶型控制要求，开展结晶技术及晶型在线控制技术的研究和产业化应用。

2. 食品动物抗耐药菌药物的创制与应用

基于耐药病原细菌潜在多靶点设计新型化合物，合成与筛选化学原料药；定向改造病原细菌耐药药物化学结构，开发新型原料药；针对不同动物独特的生理特点，开展安全高效抗耐药菌给药系统及其制剂研究；病原菌耐药抑制剂和逆转技术研究；新机制抗耐药菌药物和抗生素佐剂的研究；研发动物抗菌药物给药技术装备；合理给药技术和方法研究。

3. 食品动物抗耐药寄生虫药物的创制与应用

针对畜禽线虫、原虫、蠕虫、节肢动物病，研究寄生虫与宿主的相互影响，探讨寄生虫病发生发展规律，利用现有相关药物和传统中药的多靶点作用优势，开展化学药物的筛选与合成，研发化学原料药及其制剂；针对不同寄生虫和传播蚊媒，开展安全高效给药系统研究；针对不同动物独特的生理特点，研发动物抗寄生虫药物给药技术装备；合理给药技术和方法研究。

4. 食品动物兽用复方制剂与新剂型的创制与应用

针对畜禽复杂寄生虫病，开展复方抗寄生虫药物的筛选与研制；针对畜禽复杂细菌病，开展复方抗菌药物的筛选与研制；针对难溶性药物，开发固体分散制剂和纳米制剂；针对不良气味的药物，研发微囊包被药物；针对频繁给药问题，研发缓控释制剂；药物辅料创制。

5. 宠物专用药物创制与应用

依据犬、猫等宠物的胃肠道生理特性，构建口服药物的生物系统分类及数据库；针对常见寄生虫和传播媒虫，研制宠物用高效、长效抗寄生虫和杀灭传播媒虫药物；针对常见细菌性感染疾病，研制宠物用广谱、高效抗细菌治疗药物；针对宠物老年性疾病，研制拥有自主知识产权的防治高血脂和血栓等心血管疾病创新药物，研制新型非甾体抗炎药物，以微量元素和维生素为主要原料研制用于防治骨质疏松和代谢紊乱的新制剂，借鉴抗肿瘤和减肥的人药以研发同功能宠物药品；针对营养粮，研究肠道处方粮、免疫调节处方粮等，制定质量控制标准和合理使用规范。

6. 兽用消毒剂创制与应用

建立以消毒产品用途、使用对象风险程度为基础的兽用消毒剂分类管理体系；建立健全各类兽用化学消毒剂开发指南及评价标准；用于兽用医疗卫生用品消毒的高水平消毒剂研发；用于畜禽皮肤、黏膜消毒的缓释、控释等新剂型消毒剂、复方消毒剂研发；用于畜禽主要耐药病原体的兽用新型消毒剂研发；用于畜禽寄生虫虫体、卵囊的兽用新型消毒剂研发；用于水产养殖的消毒剂研发；用于饲用水、空气及养殖环境的消毒剂及消毒技术设备研发；用于畜禽排泄物、分泌物等污物的消毒剂研发。

7. 兽用中药资源综合开发利用和中兽药生产工艺提升研究

遴选民间长期使用、确有疗效的药用植物，开展规模化种植技术研究；针对中兽药使用成本控制问题，开展常用中药材的非传统药用部位开发；针对中药资源利用不充分和环境污染等问题，开展中药材综合利用技术研究；标准提取物工艺创新研究；中兽药绿色制造关键技术研究；中兽药辅料筛选评价技术研究；中兽药整体性质量控制技术研究。

8. 中兽药新药创制与临床高效应用研究

防治畜禽病毒性疾病的中兽药新药创制及中兽医诊疗方案研究；围绕抗应激、抗炎、免疫增强、改善肠道功能、保肝护肾、改善肉蛋奶品质等畜禽养殖实际需求，建立复方（或组分）中兽药保健品评价体系及规范，建立功效与安全性研究和产品研发平台；开展基于药物相互作用、增效减毒的中兽药与抗生素联合用药研究。

9. 新型抗生素替代物及其制剂研究

植物源天然抗生素替代物研究；具有广谱特性的噬菌体的分离和培养技术研究，获得优势噬菌体菌株，建立优势抗生素替代噬菌体菌株库；开展高效抗生素替代微生态菌种分离与筛选优化，建立优势菌株库，获得优势菌株；植物抗菌成分复方药物制剂研究；益生菌成分复方药物制剂研究；有机酸等成分复方药物制剂研究。

10. 中兽药评价模型和共性技术体系研究

针对中兽医临床疗效评价标准不足问题，选择畜禽常见呼吸道和消化道常见疾病，研究系列症候模型，构建系列中兽药评价技术定性定量指标，形成系列中兽药临床试验技术规范，指导中兽药临床疗效评价。

三、技术集成示范与应用

针对我国主要养殖区畜禽及水产，阐述不同时期和不同区域疾病发生规律；筛选今后十五年兽药科技重大项目拟启动建议：

①基于药物药效、毒性大数据、计算技术的药物设计和筛选研究。

②基于材料技术发展的新给药系统研究。

③基于3D打印技术药物制备技术研究。

④基于耐药性等大数据的合理给药技术研究。

⑤基于人工智能的给药装备研究。

第四章　兽药（化学药物、中兽药）科技创新政策措施与建议

树立和贯彻大健康理念，秉持"同一个世界，同一个健康"动物疾病防控理念，制定全国多部门协作联动的动物疾病政策体系，实现动物-人类-生态共同健康繁荣。

一、加大兽药科技研究力度

重点加强以药物靶点、药物作用机制、耐药机制、药物设计筛选方法和技术、药物相互作用、药物基因组学等为重点的基础研究，加强新型安全高效兽用化学药物、中兽药、抗生素替代物的应用研究。在细菌耐药性研究方面，在加强耐药性监测的基础上，系统开展病原耐药性流行病学研究。在人畜共患病研究方面，研发高效安全的新型药物、复方制剂、新制剂。在外来动物疾病和虫媒病研究方面，研制高效特异性新型药物，完善外来病防范和虫媒病防治技术措施。在靶动物兽药品种研究方向，加大宠物、水产动物和经济动物用药研究，破解产品短缺瓶颈。在鼓励兽药创新研究和应用方面，重点支持市场需求潜力大、能够填补市场空白、有利于提高生产效率、提高生产和环境安全水平的兽药生产新工艺、新方法、新技术的研究和转化。在兽药质量评价技术和残留检测技术方面，聚焦兽药代谢转化和残留研究，加强兽药使用效果评价及风险评估，研发兽药标准物质，开展重点兽药品种风险评估，研发兽药残留高通量快速检测技术，开展动物源病原菌耐药性风险评估和控制技术研究。

二、加强学科队伍建设

培养专业人才队伍，重点遴选和培养兽药科技产业各链条的国家级领军人才并加以重点支持，引领行业发展；组建专业造诣高、思想前瞻、学风严谨、信用良好的兽药领域专家战略研究小组，研究国家兽药科技长远发展战略，制定兽医药科技近期和长远发展规划，形成国家管理部门决策依据机制。

三、支持科研技术平台建设

建设新兽药筛选、新制剂与新释药系统技术、临床（前）药物代谢动力学技术、临床（前）药效学评价技术国家（或省部级）工程中心和重点实验室，充实兽药残留和抗菌药耐药性检测技术平台，以及风险分析与评估技术平台，重点支持兽药创制的兽药非临床试验质量管理规范（GLP）、兽药临床试验质量管理规范（GCP）建设，制定科学合理的药效和毒性评价技术规范，完善适合我国国情的创新兽药技术评价支撑体系。

四、稳定增加科研投入

兽药产业既是我国畜牧业的基础性产业，又是保障我国动物源性食品安全和公共卫生安全的保障性产业。我国兽药产业发展既需要兽药企业和科研机构自身不断创新，在市场竞争中成长，更需在拓宽项目资金筹措渠道，建立长期稳定的经费投入机制，保证科研工作需要，政府要在支持创新和科研成果产业化方面提供必要的财税金融政策支持。

五、提高合作交流水平

建设多层次多渠道合作交流机制，加强学术信息交流，鼓励强强联合。与国际先进实验室开展多形式、多方位合作，通过引进、消化吸收和再创新，提升我国兽医科技水平，扩大其在国际领域上的学术影响。

六、建设完善科研成果转化体系

通过疏通产学研用结合渠道，以市场为导向，根据技术和产品的类型、特点和适用范围，充分发挥各自优势，调动综合研究机构、高等院校、兽医专业实验室和企业等多方面的积极性，灵活采用多种产学研用结合模式，破解科技成果多数来自研发能力较强的科研院所自发的理论研究或政府科技发展项目可能与市场需求脱节难题，以及企业技术力量薄弱、人才短缺、基础条件平台不足的制约因素，加快产业化进程，将科研成果及时应用到生产实际中，促进畜牧业快速发展，保障公共卫生安全。

主要参考文献

陈光华，赵晓丹，王子恒，等，2018. 共同应对抗微生物药耐药性-共建人类命运共同体 [J]. 世界农业（7）：20－24.

杜鹃，谢峻，郑颖城，2014.《抗生素耐药：全球监测报告2014》解读与反思 [J]. 华南国防医学杂志（8）：814－817.

胡付品，郭燕，朱德妹，2017.2016年中国CHINET细菌耐药性监测 [J]. 中国感染与化疗杂志，17（5）：481－491.

潘航，李肖梁，方维焕，等，2018. 美国近20年主要食源性致病菌的分布及耐药性分析——对我国细菌耐药性监控工作的启示 [J]. 浙江大学学报，44（2）：237－246.

孙建华，姜中其，2004. 寄生虫对阿维菌素类药物耐药性的研究进展 [J]. 中国兽药杂志（5）：38－41.

徐倩倩，郭时金，沈志强，2013. 寄生虫耐药性检测方法研究进展 [J]. 家畜生态学报，34（10）：82－86.

张院萍，刘源，2017. 全面推进动物源细菌耐药性控制——农业部兽医局负责人解读《全国遏制动物源细菌耐药行动计划（2017－2020年）》[J]. 中国畜牧业（15）：22－23.

Abdelraouf K，Linder K E，Nailor M D，et al.，2017. Predicting and preventing antimicrobial resistance utilizing pharmacodynamics：part Ⅱ Gram－negative bacteria [J]. Expert Opin Drug Metab Toxicol，13（7）：705－714.

Baym M，Stone L K，Kishony R，2016. Multidrug evolutionary strategies to reverse antibiotic resistance [J]. Science，351（6268）.

Bikard D，Barrangou R，2017. Using CRISPR－Cas systems as antimicrobials [J]. Curr Opin Microbiol，37：155－160.

Borges A，Abreu A C，Dias C，et al.，2016. New Perspectives on the Use of Phytochemicals as an Emergent Strategy to Control Bacterial Infections Including Biofilms [J]. Molecules，21（7）.

Brooks B D，Brooks A E，2014. Therapeutic strategies to combat antibiotic resistance [J]. Adv Drug Deliv Rev，78：14－27.

Bush K，2015. Antibiotics：Synergistic MRSA combinations [J]. NatChem Biol，11（11）：832－3.

Corey V C，Lukens A K，Istvan E S，et al.，2016. A broad analysis of resistance development in the malaria parasite [J]. Nat Commun，15（7）：11901.

D Bikard，C W Euler，W Jiang，et al.，2014. Exploiting CRISPR－Cas nucleases to produce sequence－specific antimicrobials [J]. Nat Biotechnol，32，1146.

D Bikard，Rodolphe Barrangou，Using CRISPR－Cas systems as antimicrobials [J].

Current Opinion in Microbiology，37：155 – 160.

L A Marraffini，E J Sontheimer，2008. CRISPR interference limits horizontal gene transfer in staphylococci by targeting DNA [J]. Science，322：1843 – 1845.

Linder K E，Nicolau D P，Nailor M D，2016. Predicting and preventing antimicrobial resistance utilizing pharmacodynamics：Part I gram positive bacteria [J]. Expert Opin Drug Metab Toxicol，12 (3)：267 – 80.

Mahmood H Y，Jamshidi S，Sutton J M，et al.，2016. Current Advances in Developing Inhibitors of Bacterial Multidrug Efflux Pumps [J]. Curr Med Chem，23 (10)：1062 – 1081.

Muchiut S M，Fernández A S，Steffan P E，et al.，2018. Anthelmintic resistance：Management of parasite refugia for Haemonchus contortus through the replacement of resistant with susceptible populations [J]. Vet Parasitol，30 (254)：43 – 48.

Petchiappan A，Chatterji D，2017. Antibiotic Resistance：Current Perspectives [J]. ACS Omega，2 (10)：7400 – 7409.

R J Citorik，M Mimee，T K，2014. LuSequence – specific antimicrobials using efficiently delivered RNA – guided nucleases [J]. Nat Biotechnol，32：1141 – 1145.

Van Boeckel T P，Brower C，Gilbert M，et al.，2015. Global trends in antimicrobial use in food animals [J]. PNAS，112 (18)：5649 – 54.

Witcombe D M，Smith N C，2014. Strategies for anti – coccidial prophylaxis [J]. Parasitology，141 (11)：1379 – 1389.

Wright G D，2016. Antibiotic Adjuvants：Rescuing Antibiotics from Resistance [J]. Trends Microbiol，24 (11)：862 – 871.

Xu Q，Zhu G，Li J，Cheng K，2017. Development of Antibacterial Drugs by Targeting Toll – Like Receptors [J]. Curr Top Med Chem，17 (3)：270 – 277.

Yeh P J，Hegreness M J，Aiden A P，et al.，2009. Drug interactions and the evolution of antibiotic resistance [J]. Nat Rev Microbiol，7 (6)：460 – 466.

Zacchino S A，Butassi E，Liberto M D，et al.，2017. Plant phenolics and terpenoids as adjuvants of antibacterial and antifungal drugs [J]. Phytomedicine，37：27 – 48.